Cadernos de Lógica e Computação

Volume 2

Introdução ao Cálculo Lambda

Volume 1
Fundamentos de Lógica e Teoria da Computação. Secunda Edição
Amílcar Sernadas e Cristina Sernadas

Volume 2
Itrodução ao Cálculo Lambda
Chris Hankin. Traduzido por João Rasga

Coordenadores da Série Cadernos de Lógica e Computação
Amílcar Sernadas e Cristina Sernadas   {acs,css}@math.ist.utl.pt

Introdução ao Cálculo Lambda

Chris Hankin

Traduzido por

João Rasga

do original
An Introduction to Lambda Calculi for Computer Scientists
Texts in Computing Volume 2, College Publications, 2004

ISBN 978-1-84890-084-4

College Publications
Scientific Director: Dov Gabbay
Managing Director: Jane Spurr

http://www.collegepublications.co.uk

Cover designed by Laraine Welch
Printed by Lightning Source, Milton Keynes, UK

Prefácio à segunda edição

Esta é uma versão atualizada do meu livro, *Lambda Calculi: A Guide for Computer Scientists*, publicado pela Oxford University Press em 1994. As principais razões para a republicação do livro são que ele esteve fora de circulação durante alguns anos e parece agora haver um renascimento do interesse em incorporar cálculo λ no curriculum de graduação em Ciência da Computação; tem havido também um interesse significativo por parte da comunidade de Linguística Computacional.

Ao rever este manuscrito, concluí que algum material parecia bastante desatualizado. Simplesmente omiti esse material da presente edição. Um exemplo é o material sobre análise do método de avaliação, do Capítulo 8 da edição anterior; um tratamento bastante mais completo deste assunto pode ser encontrado em *Principles of Program Analysis*, cujos autores são Flemming Nielson, Hanne Riis Nielson e eu próprio (publicado pela Springer Verlag em 1999).

Os agradecimentos da primeira edição permanecem atuais. Ian Mackie merece uma segunda menção porque, como editor da série *Texts in Computing*, me deu apoio e ânimo para preparar esta nova edição.

Chris Hankin

Imperial College London
Janeiro 2004

Prefácio à primeira edição

O cálculo λ, conjuntamente com as máquinas de Turing e a teoria das funções recursivas, constituem alicerces da teoria da computação. Enquanto o cálculo λ e a teoria das funções recursivas oferecem uma visão da computação baseada na programação, a abordagem de Turing propõe uma visão baseada em máquinas. De modo surpreendente, é a visão baseada em máquinas que tem sido mais popular em cursos sobre computabilidade ao nível da graduação. Um efeito colateral da atual popularidade da programação funcional no curriculum de graduação é que uma grande maioria dos alunos recebem agora também uma introdução ao cálculo λ. No entanto poucos estudantes veem mais do que a sintaxe, algumas considerações sobre estratégias de redução, e os enunciados dos teoremas fundamentais de Church–Rosser e da normalização.

Em contraste, qualquer pessoa que embarque numa carreira de investigação em Ciência da Computação, rapidamente encontra uma grande variedade de cálculos formais. Muitos conceitos que surgem na sua forma mais simples no cálculo λ vão aparecendo ciclicamente. Existe assim um salto pedagógico a dar entre o tratamento superficial dado na graduação a estas matérias e o conhecimento aprofundado exigido como base para a investigação. Apesar disto um novo livro sobre cálculo λ sem tipos ainda requer alguma justificação, uma vez que:

- Existe um livro enciclopédico sobre este assunto (Barendregt), que se tornou o texto de referência na área, e existe um livro didático excelente (Hindley e Seldin).

- Na comunidade de Lógica e na comunidade de Ciência da Computação, o assunto principal de investigação na área é agora cálculos com tipos.

Relativamente ao primeiro ponto, em contraste com os dois livros mencionados, este foi escrito por um cientista da computação e é especificamente

dirigido a uma audiência de cientistas da computação. Acredito convicta-
mente que a matriz cultural dos cientistas da computação é diferente da dos
seus pares com treino em Matemática. Os primeiros têm intuições computacionais profundas mas em geral estranham e não se sentem confortáveis
com o formalismo. Enquanto que os dois livros mencionados foram escritos
com vista a uma audiência com uma sólida formação matemática, eu tento
oferecer uma perspetiva mais orientada para a computação. Mais ainda, a
minha seleção de matérias a incluir neste livro foi motivada por esse objetivo de comunicar com cientistas da computação. A matéria relativa a
reduções necessárias, máquinas de redução, interpretação abstrata, polimorfismo de Hindley–Milner, cálculos preguiçosos e cálculos concorrentes,
é totalmente distinta em comparação com os livros anteriores. De facto,
dado que os dois livros mencionados acima têm mais 10 e 8 anos de idade,
respetivamente, muito deste novo material tem sido desenvolvido desde que
eles foram publicados.

Porque não estudar cálculos com tipos? O cálculo λ puro (o cálculo
$\lambda K \beta$ sem tipos) é provavelmente o mais simples da família de cálculos
λ. Embora a ênfase tenha mudado recentemente para cálculos com tipos,
muitas das questões básicas permanecem as mesmas. Em outras áreas, tal
como a concorrência, a maioria dos cálculos propostos e estudados são ainda
sem tipos. Os conceitos com que lidamos nas próximas páginas aparecem
recorrentemente em muitas áreas diferentes da computação: linguagens de
programação, semântica, concorrência e mesmo bases de dados! Todo o
graduado em Ciência da Computação deve ter alguma familiaridade com
estes assuntos.

Em comum com qualquer outro sistema formal, existem dois aspetos
principais do cálculo λ; a sua *teoria da demonstração* e a sua *teoria de
modelos*. Decidi concentrar-me na teoria da demonstração. Esta é uma
teoria rica com muitas ligações à prática da computação; algumas das quais
investigamos neste livro. A teoria de modelos do cálculo λ, que é analisada
em geral no Capítulo 5, leva-nos ao território da teoria de domínios que é
convenientemente tratada num curso em semântica denotacional ou teoria
de domínios. Existem já livros de texto excelentes sobre este assunto.

Parte desta matéria foi pela primeira vez ensinada por mim em 1983,
num seminário de seis horas, a alunos do primeiro ano de pós-graduação.
Mais tarde o curso cresceu para dez horas e de seguida, finalmente, para
um curso de vinte horas letivas. Na sua forma atual é ensinado a alunos
do quarto ano da graduação e como uma disciplina de pós-graduação com
a duração de um ano.

A minha intenção é que exista material suficiente de modo a permitir
a um instrutor dar uma disciplina apropriada aos seus propósitos, sem

que os possíveis estudantes fiquem intimidados com o volume da matéria. Nunca ensinei toda a matéria no livro de uma só vez a uma turma de alunos. Estimo que isso exija cerca de trinta horas letivas. Os cursos mais pequenos que ensinei são baseados nos três primeiros capítulos. O curso básico que agora ensino (com as matérias centrais) cobre a maior parte dos primeiros seis capítulos, o cálculo λ simplesmente tipificado (a primeira secção do Capítulo 7) e parte do Capítulo 8. Os Capítulos 8 e 9 são mais vocacionados para matérias ainda em investigação; vou aqui tão longe quanto é possível.

Ao escrever este livro assumi um corpo mínimo de conhecimento prévio. Os estudantes que tenham frequentado um curso normal de Ciência da Computação em matemática discreta, abordando lógica e teoria de conjuntos, deverão estar bem preparados para a parte técnica. Seria vantajoso se o leitor também tivesse tido contacto com programação funcional.

Como qualquer projeto que demore muito a completar, muitas pessoas influenciaram o seu desenvolvimento. Eu estendo o meu sincero e profundo obrigado a todas elas. O agradecimento principal vai para os estudantes que frequentaram (e resistiram!) às minhas aulas nos últimos dez anos; eu, pelo menos, gostei das aulas e aprendi qualquer coisa nova em cada uma! Os últimos dois anos foram os mais cruciais; nesse período, David Clark, Roy Crole, Lindsay Errington, Anthony McIsaac e Ian Mackie fizeram, todos eles, comentários e observações importantes. Geoffrey Burn lecionou o curso no ano letivo 1989/90 e deu o estímulo necessário a outro passo na sua evolução. Thomas Jensen amavelmente leu uma versão anterior do livro, fez comentários muito úteis e deu-me conselhos extremamente necessários sobre o LaTex. A secção de Teoria e Métodos Formais do Departamento de Computação ofereceu-me um ambiente fértil e de apoio durante os últimos dez anos; Samson Abramsky, Dov Gabbay e Tom Maibaum têm sido bons amigos e fontes de inspiração. Daniel Le Métayer e um outro revisor, anónimo, amavelmente fizeram comentários na penúltima versão do manuscrito; agradeço-lhes pelas suas leituras atentas – obviamente os erros que permanecem são todos da minha responsabilidade! Por último, mas não os últimos, agradeço o apoio da minha família há muito sofredora: Alison Holtorp, a minha esposa, e Emily e David.

Chris Hankin

Imperial College, London
Maio 1994

x

Conteúdo

Capítulo 1

Introdução

Apresentamos informalmente o cálculo λ e introduzimos o leitor a um conjunto de conceitos e técnicas que recorrentemente vão aparecer no livro. Começamos com uma análise sobre o papel da abstração funcional em Ciência da Computação; o que leva naturalmente a uma apresentação informal do cálculo λ. O cálculo λ é um exemplo de um sistema formal; incluímos uma breve introdução aos sistemas formais. A nossa abordagem ao material deste livro é bastante rigorosa; apresentamos a demonstração da maioria dos resultados principais e onde não o fazemos, o leitor é encorajado a realizá-las (nos exercícios). A maioria das provas são indutivas; introduzimos, como é necessário, as várias formas de argumento indutivo e concluímos este capítulo com uma revisão da indução matemática.

1.1 Funções

Uma das noções universais das linguagens de programação é a abstração funcional. Os métodos do Java e as funções definidas e usadas em linguagens de programação funcional, tal como o Haskell, são instâncias desta noção geral. A inspiração para esta forma de mecanismo de abstração vem da Lógica Matemática; principalmente dos cálculos λ (lambda) e da lógica combinatória de Schönfinkel e Curry. Um estudo apropriado destas fundações leva a uma melhor compreensão de alguns dos aspetos fundamentais da Ciência da Computação. As áreas em que tiveram uma influência significativa incluem:

Desenho de linguagens de programação: Tínhamos já sugerido a ligação com a noção de abstração funcional das linguagens de programação. Adicionalmente, muitas das noções de tipos encontradas nas linguagens de programação modernas foram inspiradas pelos mecanismos de tipos presentes nesses cálculos formais. Um exemplo notável deste facto, ao qual voltaremos mais tarde, é o estilo de *polimorfismo* utilizado em linguagens de programação funcional modernas.

Semântica de linguagens de programação: Uma das escolas de pensamento dominantes nesta área é a *semântica denotacional*. Nesta abordagem, um cálculo λ com tipos é usado como a metalinguagem; o significado de um programa é obtido mapeando-o para um objeto correspondente no cálculo λ. A compreensão do que são esses objetos exige que se tenha um *modelo* do cálculo; a construção desses modelos foi a motivação da *teoria de domínios*.

Computabilidade: Uma utilização clássica do cálculo λ foi no estudo da computabilidade; o estudo das limitações teóricas dos sistemas formais para a descrição de computações. De facto o primeiro resultado em computabilidade disse respeito ao relacionamento entre o cálculo λ e as funções recursivas de Kleene. Os resultados conhecidos de (in)decidibilidade da teoria de autómatos têm o seu correspondente na teoria do cálculo λ.

À medida que os leitores estudem o livro, podem também ser capazes de identificar outras áreas em que os sistemas formais que vamos analisar tiveram influência.

Tradicionalmente, em teoria de conjuntos, uma função é representada pelo seu *grafo*. O grafo de uma função define a função pelo seu comportamento em termos de entrada/saída; por exemplo, uma função unária é representada por um conjunto de pares onde a primeira componente de cada par especifica o argumento e a segunda componente especifica o resultado correspondente. Nesta perspetiva, a função nos pares de números naturais que soma os seus dois argumentos é representada como:

$$\{((0,0),0),((0,1),1),\ldots,((1,0),1),((1,1),2),\ldots\}$$

ou:

$$\{((m,n),p) \mid m,n \in Num, p = n + m\}$$

Duas funções são iguais se têm o mesmo grafo; ulteriormente esta noção de igualdade será chamada de igualdade *extensional*.

Do ponto de vista da Ciência da Computação esta representação não é muito útil. Normalmente estamos tão interessados em *como* uma função calcula a sua resposta como em *o que* ela calcula. Por exemplo, todas as funções de ordenação têm o mesmo grafo e são por consequência iguais (em extensão) mas uma grande parte da literatura em Ciência da Computação tem sido dedicada à definição e análise de algoritmos de ordenação, portanto estamos claramente a perder algo. O uso casual da palavra "algoritmo" na última frase é a chave; devemos representar uma função por uma regra que descreva como o resultado é calculado, em vez de pelo seu grafo. Desta maneira, duas funções são iguais se são ambas definidas pelas mesmas regras (ou por regras equivalentes); esta forma de igualdade é chamada igualdade *intensional*. O cálculo λ oferece um formalismo para descrever funções como *regras de correspondência* entre argumentos e resultados e será o principal sistema analisado neste livro.[1]

O cálculo λ consiste numa notação para descrever regras, a notação λ, e num conjunto de axiomas e regras que nos dizem como manipular os termos descritos usando essa notação. Especificação em BNF da notação λ:

$$
\begin{array}{lll}
< \text{termo } \lambda> & ::= & <\text{variável}> \mid \\
& & (\lambda <\text{variável}>< \text{termo } \lambda>) \mid \quad \textbf{(abs)} \\
& & (< \text{termo } \lambda>< \text{termo } \lambda>) \quad\quad \textbf{(ap)} \\
<\text{variável}> & ::= & x \mid y \mid z \ldots
\end{array}
$$

Alguns termos λ:[2]

$$x \quad (xz) \quad ((xz)(yz)) \quad (\lambda x(\lambda y(\lambda z((xz)(yz)))))$$

A intuição é que termos com a forma **(abs)** correspondem a definições de funções, onde a variável depois de λ especifica o nome do parâmetro formal, e os termos com a forma **(ap)** correspondem a aplicações de funções. Assim uma primeira tentativa de definir a função soma pode ser:

$$(\lambda x(\lambda y((+x)y)))$$

mas atenção! — o símbolo $+$ não tem um significado intrínseco, de acordo com a nossa sintaxe ele é simplesmente outra variável. No Capítulo 3 mostramos como se podem juntar novas regras de computação (chamadas regras δ) ao cálculo de modo a dar o significado esperado a $+$. Em alternativa, o operador pode ser definido no cálculo puro; isto é discutido

---

[1] Existe uma grande variedade de cálculos λ. Os cálculos diferem em muitos eixos: sintaxe, tipos, regras de inferência,.... Quando falamos do cálculo λ estamos geralmente a referir-nos ao cálculo $\lambda K\beta$ puro, sem tipos, que é o objeto de estudo principal no livro enciclopédico de Barendregt.

[2] Se estiver confuso devido ao grande número de parênteses, não desespere! No próximo Capítulo vamos introduzir algumas convenções que nos permitirão omitir a sua grande maioria.

no Capítulo 6, onde uma codificação mais precisa mas menos engenhosa é apresentada.

Uma grande limitação da notação parece ser o facto de apenas conseguirmos definir funções unárias; podemos apenas introduzir um argumento formal de cada vez. Foi Schönfinkel que observou pela primeira vez que esta caraterística não consistia numa limitação efetiva. Dada uma função binária denotada por uma expressão com os argumentos formais x e y, por exemplo $f(x, y)$, definimos:

$$a \equiv (\lambda y(\lambda x(f(x, y))))$$

portanto a é equivalente à função original mas recebe os seus argumentos um de cada vez.[3]

1.2 Sistemas formais

O cálculo λ é um exemplo de um sistema formal. Um sistema formal é composto por uma linguagem inteiramente simbólica construída a partir de um alfabeto, e por regras para manipular os "termos" da linguagem. Os sistemas formais são comuns em Matemática. Antes de embarcarmos no nosso estudo detalhado do cálculo λ, é instrutivo introduzir a terminologia e os conceitos comuns a todos os sistemas formais.

As três principais caraterísticas dos sistemas formais em que estamos interessados são:

Notação: definição do conjunto de termos ("fórmulas bem formadas").

Teorias: definição de um conjunto de axiomas e regras que relacionam os termos.

Modelos: definição de uma semântica "matemática" do sistema.

A notação é normalmente especificada em duas partes; primeiro é apresentado o alfabeto e depois é apresentada a sintaxe dos termos.

As teorias são apresentadas por um conjunto de teoremas dados, os axiomas, e um conjunto de regras de derivação de novos teoremas. Escrevemos:

$$T \vdash thm$$

se o teorema thm é demonstrável na teoria T; i.e. thm ou é um axioma ou é derivável a partir dos axiomas usando as regras e outros teoremas derivados. Vamos estar interessados, por norma, em teorias de igualdade entre

---

[3]Uma função como a, que recebe os seus argumentos um de cada vez, é frequentemente chamada uma função *Curry* (em homenagem ao lógico Haskell B. Curry).

termos; numa tal teoria cada teorema relaciona um par de termos iguais. Teorias desta forma constituem a base de uma semântica de manipulação de símbolos.

O objetivo de um modelo é dar um "significado" aos termos. Uma *interpretação* é usada para definir o valor que cada termo denota. Se todos os teoremas são satisfeitos por uma interpretação, então essa interpretação é um modelo da teoria. Este conceito é bem ilustrado pelo seguinte exemplo: uma interpretação do cálculo proposicional é um mapa das proposições para os valores de verdade; ela é um modelo pois todas as proposições válidas são satisfeitas.

O cálculo proposicional, o cálculo de predicados, o CCS, o cálculo π, ..., são exemplos de sistemas formais com os quais o leitor poderá estar familiarizado.

1.3 Indução matemática

Revemos agora de modo breve a indução matemática, a qual é baseada no quinto axioma de Peano:
(PA V): se S é um subconjunto de $\mathbb{N}$, $0 \in S$ e $n \in S \Rightarrow suc(n) \in S$ então $S = \mathbb{N}$[4]

Logo, quando usamos indução matemática para provar algum predicado, temos de mostrar um passo base para provar que 0 satisfaz o predicado, e de seguida, assumindo que o predicado é verdade para algum n, mostramos que ele é verdade para $suc(n)$, assim usando (PA V) estabelecemos que o predicado é verdade para todos os números naturais. Apresentamos agora um exemplo desta técnica:

Exemplo 1.3.1 $\sum_{i=0..n} i = n(n+1)/2$

Prova

Base $(n = 0)$: lado esquerdo = lado direito = 0

Hipótese de indução: assuma que $\sum_{i=0..k} i = k(k+1)/2$ para algum k

Passo de indução:

$$
\begin{aligned}
\sum_{i=0..k+1} i &= \sum_{i=0..k} i + (k+1) \\
&= k(k+1)/2 + (k+1) \text{ pela Hipótese de Indução (HI)} \\
&= (k^2 + 3k + 2)/2 \\
&= (k+1)(k+2)/2
\end{aligned}
$$

∎

---

[4]$\mathbb{N}$ é o conjunto dos números naturais (zero incluído) e $suc(n)$ é o sucessor de n.

Iremos frequentemente omitir a especificação formal da hipótese de indução nas provas de indução matemática.

Exercício 1.3.1 *Prove que para qualquer número natural n, existem exatamente n! permutações de n objetos.*

À medida que for sendo necessário iremos introduzir outras formas de indução.

1.4   Conclusão

Começámos o capítulo tentando aguçar o apetite do leitor pelo estudo do cálculo λ e formalismos relacionados. De seguida apresentámos duas perspetivas opostas de funções: a perspetiva tradicional em Matemática na qual uma função não é mais do que o seu grafo, e a perspetiva computacional na qual uma função é uma regra de correspondência. Argumentámos que a última é a mais apropriada em Ciência da Computação.

As ideias e a terminologia introduzidas neste capítulo serão usadas recorrentemente no livro à medida que formos estudando cada sistema formal. No próximo capítulo iniciaremos o nosso estudo do cálculo λ e depois prosseguiremos para a lógica combinatória, cálculo λ simplesmente tipificado, cálculo λ polimórfico de segunda ordem e cálculo $\lambda\cap$.

Capítulo 2

Notação e teoria básica

Começamos agora o nosso estudo do cálculo λ. Primeiro, regressamos à questão da notação e apresentamos uma definição indutiva de termos λ e de algumas noções auxiliares tais como *variável livre* e *subtermo*. De seguida, apresentamos a teoria. No cerne da teoria está a noção de substituição — a força motora por detrás da aplicação de uma função — analisamos depois um conjunto de maneiras alternativas de definir substituição e investigamos algumas das suas propriedades. A teoria é uma teoria de igualdade entre termos; como explicado no capítulo anterior, tentamos capturar a igualdade intensional mas também mostramos como é que a teoria pode ser estendida de modo a capturar a igualdade extensional. Por último, abordamos a coerência e a "completude" das duas teorias apresentadas.

2.1 Notação

Iremos dar uma definição indutiva dos termos λ. Dado que este estilo de definição pode não ser muito familiar a cientistas da computação, começamos por exemplificar este método no contexto do (mais familiar) cálculo proposicional.

As fórmulas bem formadas do cálculo proposicional são construídas a partir de variáveis proposicionais, parênteses e dois conetivos: $\neg$ unário e $\vee$ binário. Claro que isto não define a classe das fórmulas bem formadas; no entanto, define o *alfabeto* que pode ser usado. Uma fórmula bem formada é uma palavra e há que definir agora que palavras são bem formadas.[1] Uma abordagem da Ciência da Computação a este problema poderia passar pela definição da sintaxe das fórmulas bem formadas no estilo BNF:

---

[1] Uma *palavra* é simplesmente uma cadeia de caracteres do alfabeto.

<fórmula bem formada>   ::=   <variável> |
                                 ¬ <fórmula bem formada> |
                                 (<fórmula bem formada> ∨
                                        <fórmula bem formada>)

Isto foi o que fizemos para os termos λ no Capítulo 1. Normalmente a classe das fórmulas bem formadas é definida *indutivamente*.

Definição 2.1.1 *A classe, $\mathcal{W}$, das fórmulas bem formadas para o cálculo proposicional é a menor classe tal que:*

1. *$p \in \mathcal{W}$ para cada variável proposicional p*

2. *Se A é uma fórmula e $A \in \mathcal{W}$ então $\neg A \in \mathcal{W}$*

3. *Se A e B são fórmulas e $A, B \in \mathcal{W}$ então $(A \vee B) \in \mathcal{W}$*

Por convenção, as letras maiúsculas vão ser usadas para representar termos arbitrários e as letras minúsculas para representar variáveis. Observe que considerámos a menor classe que satisfaz as três condições; qualquer classe contendo as fórmulas bem formadas e alguns outros "termos" arbitrários satisfaria essas condições, portanto consideramos a menor classe de maneira a não ficar com lixo!

Exemplos de fórmulas bem formadas:

$$a \quad b \quad \neg a \quad (\neg a \vee b)$$

Termos que tenham a forma do último exemplo, onde a e b podem ser substituídos por fórmulas bem formadas arbitrárias, serão escritos $a \Rightarrow b$ no seguimento.

Termos λ: A classe dos termos λ contém palavras construídas a partir do seguinte alfabeto:

$$x, y, z, \ldots \quad \text{variáveis}$$
$$\lambda$$
$$(,) \qquad \text{parênteses}$$

Definimos formalmente termos λ como se segue:

Definição 2.1.2 (Termos λ)
A classe Λ dos termos λ é a menor classe tal que:

1. *$x \in \Lambda$, se x é uma variável*

2. *se $M \in \Lambda$ então $(\lambda x M) \in \Lambda$*

3. se $M, N \in \Lambda$ então $(MN) \in \Lambda$

Os termos construídos pela cláusula 2 são chamados abstrações; correspondem a funções/procedimentos de linguagens de programação. A variável após o símbolo λ corresponde ao parâmetro formal da abstração e M é o corpo da abstração. Assim:

$$(\lambda xx)$$

é semelhante a:

```
(\ x -> x)
```

em Haskell, ou a:

```
public int id(int x) { return x;}
```

em Java.[2] De modo a evitar a proliferação de parênteses, usamos em geral uma notação alternativa para os termos construídos de acordo com a cláusula 2 da definição:

$$\lambda x.M$$

mais ainda, omitimos λs interiores e ".""s e assumimos que a abstração associa à direita, fazendo assim com que os seguintes termos sejam sintaticamente iguais:

$$\lambda x_1 \ldots x_n.M \equiv \lambda \vec{x}.M \equiv (\lambda x_1(\ldots(\lambda x_n M)\ldots))$$

onde $\vec{x}$ é a nossa notação para a sequência $x_1, \ldots, x_n$. Em geral usamos o símbolo $\equiv$ para denotar a igualdade sintática entre termos.

O símbolo λ tem um comportamento com as variáveis semelhante a $\int \ldots dx$ no cálculo integral e aos quantificadores $\exists$ e $\forall$ no cálculo de predicados. O conjunto de variáveis mudas é definido indutivamente pela seguinte função, $VM : \Lambda \to \wp(Var)$:[3]

$$
\begin{array}{lll}
VM\, x & = & \emptyset \\
VM\,(\lambda xM) & = & (VM\,M) \cup \{x\} \\
VM\,(MN) & = & (VM\,M) \cup (VM\,N)
\end{array}
$$

---

[2]Um termo λ não tem um tipo. Isto contrasta com a função Haskell que é polimórfica e com o método Java que é fortemente (monomorficamente) tipificado. Ambos o termo λ e o programa Haskell são equivalentes a um conjunto de métodos Java com um elemento para cada tipo.

[3] $f : A \to B$ significa que f é uma função que mapeia argumentos do "conjunto" A em resultados em B. A notação $\wp(A)$ representa o conjunto dos subconjuntos de A.

Com frequência haverá necessidade de falar sobre o conjunto de variáveis livres de um termo; elas são definidas indutivamente pela seguinte função, $VL : \Lambda \to \wp(Var)$:

$$
\begin{array}{rcl}
VL\,x & = & \{x\} \\
VL\,(\lambda x M) & = & (VL\,M) - \{x\} \\
VL\,(MN) & = & (VL\,M) \cup (VL\,N)
\end{array}
$$

Quando $(VL\,M)$ é o conjunto vazio, $\varnothing$, diz-se que M está *fechado*; os termos fechados são por vezes chamados *combinadores* e a classe de todos esses termos é designada por Λ^0. Note que os conjuntos de variáveis livres e mudas de um termo não são necessariamente disjuntos; x ocorre simultaneamente muda e livre em:

$$x(\lambda x y.x)$$

Os termos definidos pela cláusula 3 da definição de termos λ correspondem a aplicações. Adotamos a convenção que a aplicação é associativa à esquerda. Assim:

$$MN_1 \dots N_n \;\equiv\; M\vec{N} \;\equiv\; (\dots(MN_1)\dots N_n)$$

No seguimento também vamos precisar da noção de subtermo. Um *subtermo* de um termo λ é uma parte do termo que é por sua vez um termo λ bem formado; podemos gerar o conjunto de subtermos de um termo usando a função, $Sub : \Lambda \to \wp(\Lambda)$, definida da seguinte maneira:

$$
\begin{array}{rcl}
Sub\,x & = & \{x\} \\
Sub\,(\lambda x M) & = & (Sub\,M) \cup \{(\lambda x M)\} \\
Sub\,(MN) & = & (Sub\,M) \cup (Sub\,N) \cup \{(MN)\}
\end{array}
$$

Note que a definição de Sub é indutiva (recursiva) e segue a definição da sintaxe dos termos λ. A nossa definição não distingue entre ocorrências diferentes do mesmo subtermo; para isso precisaríamos de construir um multiconjunto de subtermos, no entanto esse refinamento não será necessário no seguimento.

Quando pretendermos provar uma propriedade sobre termos, usamos por norma a técnica de *indução estrutural*. Uma prova por indução estrutural tem uma estrutura muito semelhante a uma prova por indução matemática (ver Capítulo 1). A base consiste na demonstração de que o predicado se verifica para cada termo primitivo e o passo de indução inclui um caso para cada tipo de termo composto usando como hipótese que o predicado se verifica para os subtermos imediatos do termo composto. Para clarificar esta técnica, apresentamos agora um exemplo de uma propriedade de termos λ:

Exemplo 2.1.1 *Todo o termo em Λ é balanceado em termos de parênteses*

Prova

Base:
(i) Variáveis — trivial uma vez que as variáveis não têm parênteses

Passo indutivo:
Considere a aplicação (MN). Usando a hipótese de indução duas vezes, temos que M e N são balanceados. Logo (MN) é também balanceado.

Considere a abstração $(\lambda x.M)$. Pela hipótese de indução temos que M é balanceado. Logo $(\lambda x.M)$ também é balanceado. ■

Concluímos esta secção definindo a classe dos contextos λ. Com frequência, necessitamos da noção de termo parcialmente especificado, isto é, um termo com "buracos". Um tal termo constitui um contexto no qual podemos colocar outros termos (preenchendo os buracos!). A capacidade de construir contextos permitirá tornar mais claras algumas definições (por exemplo a noção de *compatibilidade* usada no Capítulo 3) e generalizar alguns resultados (por exemplo o lema da substituição, ver ulteriormente neste capítulo). Definição indutiva de contextos para termos λ:

Definição 2.1.3 (Contextos)
A classe $\mathcal{C}[]$ dos contextos λ é a menor classe satisfazendo:

1. $x \in \mathcal{C}[]$

2. $[] \in \mathcal{C}[]$

3. *se* $C_1[], C_2[] \in \mathcal{C}[]$ *então* $(C_1[]C_2[]), (\lambda x C_1[]) \in \mathcal{C}[]$

Note que um buraco é representado por $[]$. Um exemplo de um contexto é:

$$((\lambda x.[]x)M)$$

que é equivalente a (omitindo parênteses redundantes):

$$(\lambda x.[]x)M$$

Habitualmente damos um nome a um contexto, por exemplo $C[]$ para o termo acima, e esses nomes terminarão sempre com "$[]$". De modo a representar o termo gerado pelo preenchimento dos buracos de um contexto por um termo, escrevemos o nome do contexto e entre os parênteses retos o termo que preenche os seus buracos. Assim:

$$C[\lambda y.y]$$

é o termo:

$$(\lambda x.(\lambda y.y)x)M$$

Claro que, todos os buracos de um contexto serão preenchidos pelo termo; poderíamos generalizar este processo etiquetando os buracos, o que permitiria que buracos diferentes pudessem ser preenchidos por termos diferentes, mas não necessitamos de tal generalidade neste livro.

Note que variáveis em $VL(M)$ podem ficar mudas em $C[M]$.

2.2   Teoria λ

Podemos construir fórmulas a partir de termos; de seguida, uma teoria estabelece como axiomas algumas das fórmulas e fornece regras de inferência que nos permitem derivar novas fórmulas. As fórmulas derivadas (axiomas ou fórmulas que podem ser derivadas a partir das regras) são chamadas *teoremas*.

Na teoria usual do cálculo proposicional, as fórmulas são fórmulas bem formadas; a teoria tem três esquemas de axiomas e uma regra de inferência que é chamada *modus ponens*. Em geral, cada regra de inferência tem um conjunto de premissas, $p_1, \ldots, p_n$, e uma conclusão, c. Apresentamos as regras da seguinte maneira:

$$\frac{p_1 \quad \cdots \quad p_n}{c}$$

Uma tal regra significa que se todas as premissas forem teoremas então também o é a conclusão. Assim, a teoria do cálculo proposicional é:

Esquema de axioma 1: $((A \vee A) \Rightarrow A)$

Esquema de axioma 2: $(A \Rightarrow (B \vee A))$

Esquema de axioma 3: $((A \Rightarrow B) \Rightarrow ((C \vee A) \Rightarrow (B \vee C)))$

Modus ponens: $\dfrac{A \quad A \Rightarrow B}{B}$

Equipados com a teoria, podemos agora gerar alguns teoremas novos.

Exemplo 2.2.1 $p \vee \neg p$ *é teorema*

Prova

$(p \lor p) \Rightarrow p$	pelo **Esquema de axioma 1**
$((p \lor p) \Rightarrow p) \Rightarrow$	
$((\neg p \lor (p \lor p)) \Rightarrow (p \lor \neg p))$	pelo **Esquema de axioma 3**
$(\neg p \lor (p \lor p)) \Rightarrow (p \lor \neg p)$	por **Modus ponens**
$p \lor \neg p$	pois $\neg p \lor (p \lor p) \equiv p \Rightarrow (p \lor p)$
	usando o **Esquema de axioma 2**
	e **Modus ponens**

∎

Apresentamos agora uma teoria da igualdade (ou *convertibilidade*) de termos λ. Existem alguns requisitos a serem satisfeitos por uma tal teoria:

1. Um termo aplicação deve ser igual ao resultado de aplicar o seu subtermo função ao seu subtermo argumento. Por exemplo, supondo que os métodos Java são de ordem superior (recebem métodos como argumentos e produzem métodos como resultado) e que temos definida uma variante de ordem superior de id, então:

   id(fun)

   deve certamente ser o método fun (para todo o método apropriado fun).

2. A igualdade deve ser uma relação de equivalência.

3. Termos iguais devem ser iguais em qualquer contexto.

Estes requisitos motivam de alguma maneira a teoria λ apresentada na Figura 2.1.

A regra (ξ) é algumas vezes chamada de regra da extensionalidade fraca. A regra (β) é a regra que corresponde à aplicação de função. A notação $M[x := N]$ deve ser lida como o "termo que se obtém substituindo as ocorrências livres de x em M por N" (tem de se ter algum cuidado — regressaremos a este tópico na próxima secção). A apresentação clássica da teoria também inclui uma regra α que permite uma mudança de nome das variáveis mudas; veja a próxima secção para uma análise deste ponto. Os leitores devem comparar a regra (β) com a intuição que têm sobre o que é a invocação de uma função numa linguagem de programação que lhes seja familiar.

Escrevemos:

$$\lambda \vdash M = N$$

quando $M = N$ é um teorema de λ, o que é lido "M e N são convertíveis". A notação da secção anterior e esta teoria são chamadas de cálculo λ (o

$$(\lambda x.M)N \quad = \quad M[x := N] \qquad (\beta)$$

$$M \quad = \quad M$$

$$\frac{M = N}{N = M}$$

$$\frac{M = N \qquad N = L}{M = L}$$

$$\frac{M = N}{MZ = NZ}$$

$$\frac{M = N}{ZM = ZN}$$

$$\frac{M = N}{\lambda x.M = \lambda x.N} \qquad (\xi)$$

Figura 2.1: A teoria λ

nome que iremos usar no seguimento), cálculo $\lambda\beta$, cálculo λK ou cálculo $\lambda K\beta$.

Observe que:

$$M \equiv N \Rightarrow M = N$$

no entanto:

$$\neg(M = N \Rightarrow M \equiv N)$$

Por exemplo:

$$(\lambda x.x)y = y$$

mas os dois termos não são o mesmo.

Por último, colocamos em ação a teoria de modo a provar um teorema fundamental, o teorema do ponto fixo. Este teorema irá ter um papel importante nos últimos capítulos quando se abordar a computabilidade.

Teorema 2.2.1 (Teorema do ponto fixo)

$$\forall F \in \Lambda, \exists X \in \Lambda.FX = X$$

Prova

Sejam $W \equiv \lambda x.F(xx)$ e $X \equiv WW$. Então

$$X \equiv WW \equiv (\lambda x.F(xx))W = F(WW) \equiv FX$$

∎

X é chamado um *ponto fixo* de F; se aplicarmos F a X, o termo resultante é convertível com X. Num contexto mais familiar, por exemplo, 1 é o ponto fixo da função de elevação ao quadrado. O teorema do ponto fixo pode parecer surpreendente à primeira vista; ele diz que todos os termos têm pontos fixos. Para alguns termos, como:

$$\lambda x.x$$

que é a função identidade, é óbvio (todos os termos são pontos fixos da função identidade!) mas para outros, tais como:

$$\lambda xy.xy$$

não é assim tão óbvio. No entanto, a prova do teorema do ponto fixo é construtiva; ela descreve um método para construir um ponto fixo de qualquer termo. Esse método quando aplicado ao segundo termo acima leva ao seguinte termo:

$$W \equiv \lambda x.(\lambda xy.xy)(xx) = \lambda x.\lambda y.(xx)y \equiv \lambda xy.(xx)y$$

O ponto fixo pretendido é assim:

$$(\lambda xy.(xx)y)(\lambda xy.(xx)y)$$

podemos verificar que este termo é de facto um ponto fixo do termo original:

$$(\lambda xy.(xx)y)(\lambda xy.(xx)y)$$
$$= \lambda y.((\lambda xy.(xx)y)(\lambda xy.(xx)y))y$$
$$= (\lambda xy.xy)((\lambda xy.(xx)y)(\lambda xy.(xx)y))$$

O ponto fixo que se obtém para a função identidade é:

$$(\lambda x.xx)(\lambda x.xx)$$

Este termo tem um papel especial na teoria, como veremos mais tarde.[4]

Os pontos fixos são importantes em Ciência da Computação. Eles têm um papel fundamental na semântica de definições recursivas. Por exemplo a função fatorial:

---

[4]Para os leitores familiarizados com a teoria de domínios, este termo tem o mesmo papel do $\perp$. É o menor ponto fixo da função identidade (e de muitas outras!).

$$\begin{aligned} fat\ 0 &= 1 \\ fat\ (suc\ n) &= (suc\ n) \times (fat\ n) \end{aligned}$$

é um ponto fixo do termo:

$$\lambda fn.se(= n\ 0)\ 1\ (\times\ n\ (f(pred\ n)))$$

(não se deve dar demasiado significado a este termo – $0, 1, \times$ são simplesmente símbolos formais, variáveis, e não têm qualquer outro significado mais profundo no cálculo λ que definimos até agora). Regressaremos a este ponto mais tarde.

2.3 Substituição

Regressamos agora à operação de substituição usada na regra (β). A tentativa ingénua de definir esta operação leva ao problema da "captura de variável". Este problema ocorre quando ingenuamente a substituição faz com que um termo contendo uma variável livre fique num contexto onde a variável se torna muda. Por exemplo:

$$(\lambda xy.yx)y \neq \lambda y.yy$$

A ocorrência livre de y no termo à esquerda corresponde em programação a uma variável global, no lado direito a variável global toma o papel de variável muda (parâmetro formal). Vamos analisar três abordagens diferentes para atacar este problema antes de escolhermos uma para usar no resto do livro.

2.3.1 Três abordagens

Abordagem clássica

A primeira abordagem é baseada no tratamento que Church deu originalmente à substituição. Usamos a seguinte definição:

1. $x[x := N] \equiv N$

2. $y[x := N] \equiv y$, se x não é y

3. $(\lambda x.M)[x := N] \equiv \lambda x.M$

4. $(\lambda y.M)[x := N] \equiv \lambda y.M[x := N]$, se $x \notin VLM$ ou $y \notin VLN$

5. $(\lambda y.M)[x := N] \equiv \lambda z.(M[y := z])[x := N]$, se $x \in VLM$ e $y \in VLN$, z é uma variável nova

6. $(M_1 M_2)[x := N] \equiv (M_1[x := N])(M_2[x := N])$

Vamos analisar as regras 3, 4 e 5 de um modo mais detalhado. A regra 3 pode ser aplicada quando a variável que está a ser substituída é muda no nível mais exterior do termo; neste caso não existem ocorrências livres de x no resto do termo e portanto a substituição não tem efeito. A regra 4 pode ser aplicada quando não há hipótese de ocorrer a captura de variável, ou porque x não ocorre livre no corpo do termo (neste caso a substituição é uma não operação mais uma vez) ou porque a variável muda no nível mais exterior do termo não ocorre livre no termo que vai substituir x (não há captura); em ambos os casos a substituição pode passar pelo operador λ de modo a ser aplicada ao corpo. A última regra, 5, pode ser aplicada quando a captura de variável poderia ocorrer, isto é, quando pode ocorrer uma substituição e a variável muda no nível mais exterior do termo ocorre livre no termo que vai substituir x; neste caso temos primeiro de renomear a variável muda de modo a ser uma variável completamente nova.

A regra 5 só é válida na assunção de que termos similares, que têm as mesmas variáveis livre e só diferem nas variáveis mudas, são essencialmente o mesmo. Esta assunção é aceitável se pensarmos em termos de linguagens de programação:

```
public int id(int y) { return y;}
```

o método acima é claramente o mesmo que o método anterior com o mesmo nome; apenas mudámos os parâmetros formais. Na apresentação original de Church do cálculo λ há dois axiomas adicionais; (α) formaliza a análise anterior e (η) introduz a igualdade extensional (ver abaixo). A regra alfa é:

$$\lambda x.M = \lambda y.M[x := y], y \notin VLM \qquad (\alpha)$$

Convenção de variáveis

Para a segunda definição da operação de substituição, introduzida no livro de Barendregt, precisamos das seguintes duas definições:

Definição 2.3.1 (Mudança de variáveis mudas)
M' é obtido a partir de M por uma mudança de variáveis mudas se $M \equiv C[\lambda x.N]$ e $M' \equiv C[\lambda y.(N[x := y])]$ onde y não ocorre de maneira nenhuma em N e $C[]$ é um contexto com um buraco.

Definição 2.3.2 (Congruência α)
M é congruente α com N, o que se escreve $M \equiv_\alpha N$, se N resulta de M por uma sequência de mudanças de variáveis mudas.

De acordo com a segunda definição, temos que:

$$\lambda x.xy \equiv_\alpha \lambda z.zy$$

mas não:

$$\lambda x.xy \equiv_\alpha \lambda y.yy$$

Note que os dois primeiros termos também são iguais pela regra (α) mas os dois segundos não o são; de facto a noção de "mudança de variável muda" é o fecho compatível de (α)(ver Capítulo 3). A nossa estratégia para definir a substituição é a seguinte:

1. Identificar termos congruentes α

2. Considerar um termo λ como o representante da sua classe de equivalência

3. Entender $M[x := N]$ como uma operação sobre classes de equivalência, usando representantes de acordo com a seguinte *convenção de variáveis*:

Definição 2.3.3 (Convenção de variáveis)
Se $M_1, \ldots, M_n$ ocorrem num certo contexto então todas as variáveis mudas nesses termos são diferentes das variáveis livres.[5]

Com esta estratégia, podemos definir substituição como se segue:

1. $x[x := N] \equiv N$

2. $y[x := N] \equiv y$, se $x \not\equiv y$

3. $(\lambda y.M)[x := N] \equiv \lambda y.(M[x := N])$

4. $(M_1 M_2)[x := N] \equiv (M_1[x := N])(M_2[x := N])$

---

[5]Já tínhamos implicitamente usado esta convenção na prova do teorema do ponto fixo — analise o que acontece se x ocorre livre no termo F.

O problema da captura de variáveis desapareceu! — a razão é que se y aparecesse livre em N no contexto:

$$(\lambda y.M)[x := N]$$

a convenção de variáveis seria violada a menos que se usasse um represen-tante diferente da classe de equivalência α do termo $\lambda y.M$ (isto é precisa-mente o que a regra 5 da abordagem clássica torna explícito). No segui-mento adotaremos esta convenção e a definição de substituição pois torna o trabalho mais fácil (há menos casos a considerar nas provas). Ilustramos abaixo um exemplo do seu uso:

$$
\begin{aligned}
(\lambda xyz.xzy)(\lambda xz.x) &= \lambda yz.(\lambda xw.x)zy \quad \text{convenção de variáveis} \\
&= \lambda yz.(\lambda w.z)y \\
&= \lambda yz.z
\end{aligned}
$$

No entanto, antes de prosseguirmos analisamos uma terceira abordagem que será útil na definição das máquinas abstratas do Capítulo 8.

Notação de de Bruijn

A terceira abordagem à definição de substituição evita o problema da cap-tura de variável não permitindo variáveis livres. Revemos a definição de termos λ de modo a que a referência aos parâmetros que ocorrem no corpo de um termo seja feita usando números naturais que identificam univoca-mente o símbolo λ correspondente. Por exemplo:

$$\lambda.\lambda.2 \text{ é equivalente a } \lambda xy.x$$

Esta é a notação inventada por de Bruijn e usada no projeto Automath, um sistema automatizado de demonstração de teoremas. Mais formalmente os termos na notação de de Bruijn são definidos indutivamente como o menor conjunto tal que:

1. qualquer número natural (maior do que zero) é um termo

2. Se M e N são termos, então (MN) é um termo

3. Se M é um termo, (λM) é um termo

e (β) é alterado para:

$$(\lambda P)Q = P[1 := Q]$$

onde:

$$n[m := N] \quad \equiv \quad \begin{cases} n & \text{se } n < m \\ n - 1 & \text{se } n > m \\ ren_{n,1}(N) & \text{se } n = m \end{cases}$$

$$(M_1 M_2)[m := N] \quad \equiv \quad (M_1[m := N])(M_2[m := N])$$

$$(\lambda M)[m := N] \quad \equiv \quad \lambda(M[m + 1 := N])$$

e

$$ren_{m,i}(j) \quad \equiv \quad \begin{cases} j & \text{if } j < i \\ j + m - 1 & \text{if } j \geq i \end{cases}$$

$$ren_{m,i}(N_1 N_2) \quad \equiv \quad ren_{m,i}(N_1)ren_{m,i}(N_2)$$

$$ren_{m,i}(\lambda N) \quad \equiv \quad \lambda(ren_{m,i+1}(N))$$

O leitor deve ter o cuidado de verificar que esta nova regra beta tem o mesmo efeito da anterior. Por exemplo:

Exemplo 2.3.1

$$\begin{aligned} \lambda.(\lambda.\lambda.2)1 \quad &= \quad \lambda.(\lambda.2)[1 := 1] \\ &\equiv \quad \lambda.\lambda.2[2 := 1] \\ &\equiv \quad \lambda.\lambda.ren_{2,1}(1) \\ &\equiv \quad \lambda.\lambda.2 \end{aligned}$$

(cf. $(\lambda x.(\lambda yz.y)x)$).

Note o papel que *ren* tem na reetiquetagem dos índices das variáveis. Há uma tradução simples entre termos λ e termos de de Bruijn (note que todos os termos congruentes α são iguais na notação de de Bruijn):

$$\begin{aligned} DB\,x\,(x_1, \ldots, x_n) \quad &= \quad i, \text{ se } i \text{ é o menor tal que } x \equiv x_i \\ DB\,(\lambda x M)\,(x_1, \ldots, x_n) \quad &= \quad \lambda(DB\,M\,(x, x_1, \ldots, x_n)) \\ DB\,(MN)\,(x_1, \ldots, x_n) \quad &= \quad (DB\,M\,(x_1, \ldots, x_n))(DB\,N\,(x_1, \ldots, x_n)) \end{aligned}$$

A notação de de Bruijn não é muito legível mas a regra beta é fácil de implementar; de facto inspirou a máquina abstrata categorial — um mecanismo eficiente para a implementação de linguagens funcionais; regressaremos a este assunto mais tarde. No entanto a maioria dos sistemas que usam a notação de de Bruijn apresentam-na formalmente e de seguida usam os termos λ usuais sempre que possível.

2.3.2   Lema da substituição

A partir de agora, assumimos a convenção de variáveis a menos que seja indicado o contrário.

Apresentamos agora um resultado que nos permite reordenar substituições, o lema da substituição.

Lema 2.3.1 (Lema da substituição)
Se x e y são variáveis diferentes e $x \notin VLL$ então

$$M[x := N][y := L] \equiv M[y := L][x := N[y := L]]$$

Prova
(por indução na estrutura de M)

(i) Se M é uma variável há três casos a considerar:

- Se $M \equiv x$ então ambos os lados $\equiv N[y := L]$ uma vez que x é diferente de y.
- Se $M \equiv y$ então ambos os lados $\equiv L$ uma vez que $x \notin VLL$.
- Se $M \equiv z$ onde z é diferente de x e de y, então ambos os lados $\equiv z$.

(ii) Se $M \equiv \lambda z.M_1$ então, pela convenção de variáveis, z é diferente de x e de y e $z \notin VLNL$ e:

$$
\begin{aligned}
(\lambda z.M_1)[x := N][y := L] \quad &\equiv \quad \lambda z.M_1[x := N][y := L] \\
&\qquad \text{por definição de substituição} \\
&\equiv \quad \lambda z.M_1[y := L][x := N[y := L]] \text{ por HI} \\
&\equiv \quad (\lambda z.M_1)[y := L][x := N[y := L]] \\
&\qquad \text{por definição de substituição}
\end{aligned}
$$

(iii) Se $M \equiv M_1 M_2$ então:

$$
\begin{aligned}
(M_1 M_2)[x := N][y := L] \quad &\equiv \quad (M_1[x := N][y := L])(M_2[x := N][y := L]) \\
&\qquad \text{por definição de substituição} \\
&\equiv \quad (M_1[y := L][x := N[y := L]]) \\
&\qquad (M_2[y := L][x := N[y := L]]) \\
&\qquad \text{por HI duas vezes} \\
&\equiv \quad (M_1 M_2)[y := L][x := N[y := L]] \\
&\qquad \text{por definição de substituição}
\end{aligned}
$$

∎

Exercício 2.3.1 *Enuncie e prove o lema da substituição para a notação de de Bruijn*

Lema 2.3.2 *A substituição goza de um conjunto de outras propriedades úteis relativamente à convertibilidade:*

1. $M = M' \Rightarrow M[x := N] = M'[x := N]$

2. $N = N' \Rightarrow M[x := N] = M[x := N']$

3. $M = M', N = N' \Rightarrow M[x := N] = M'[x := N']$

Prova

(1)

$$
\begin{aligned}
M = M' &\Rightarrow \lambda x.M = \lambda x.M' \text{ por } (\xi) \\
&\Rightarrow (\lambda x.M)N = (\lambda x.M')N \\
&\Rightarrow M[x := N] = M'[x := N] \text{ por } (\beta) \text{ duas vezes}
\end{aligned}
$$

(2) ver exercício

(3) vem diretamente de (1) e (2):

$$
\begin{aligned}
M = M' &\Rightarrow M[x := N] = M'[x := N] \text{ por } (1) \\
N = N' &\Rightarrow M'[x := N] = M'[x := N'] \text{ por } (2)
\end{aligned}
$$

Assim $M[x := N] = M'[x := N']$ por transitividade de $=$ ∎

Uma prova alternativa do primeiro resultado usa uma nova técnica de prova: indução no comprimento da demonstração. O comprimento de uma demonstração é o número de passos efetuados de modo a derivar a fórmula; se a fórmula é um axioma então o comprimento é zero, caso contrário é 1 mais os comprimentos das demonstrações de todas as premissas usadas no último passo da demonstração (a fórmula é a sua conclusão). A base trata dos axiomas e o passo indutivo tem um caso para cada regra de inferência.

Exercício 2.3.2

1. *Obtenha uma prova de (1) por indução sobre o comprimento da demonstração de $M = M'$ (Pista: poderá ter de usar o lema da substituição)*

2. *Obtenha uma prova de (2) por indução estrutural.*

Estas propriedades são úteis mas há que ter cuidado na sua aplicação. A principal propriedade das linguagens funcionais é a *transparência referencial*; a propriedade que permite que termos iguais sejam substituídos em termos iguais. As propriedades da substituição parecem estar relacionadas com este conceito mas a transparência referencial impõe mais. Por exemplo, a seguinte asserção não vem das propriedades (1) a (3):

$$
N = N' \Rightarrow \lambda x.x(\lambda y.N) = \lambda x.x(\lambda y.N')
$$

Isto porque não conseguimos expressar da maneira apropriada os dois lados da segunda igualdade:

$$
\lambda x.x(\lambda y.N) \text{ não é } (\lambda x.x(\lambda y.z))[z := N]
$$

uma vez que N pode ter ocorrências livres de y. A formulação correta da propriedade da transparência referencial, também designada por lei de Leibniz, é:

Lema 2.3.3 (Transparência referencial)
Seja $C[]$ um contexto, então

$$N = N' \Rightarrow C[N] = C[N']$$

Prova
(por indução na estrutura de $C[]$)

- $C[] \equiv x$: então $C[N] \equiv x \equiv C[N']$
- $C[] \equiv []$: $C[N] \equiv N = N'(\text{pela hipótese}) \equiv C[N']$
- $C[] \equiv C_1[]C_2[]$:

$$
\begin{aligned}
C[N] &\equiv C_1[N]C_2[N] \\
&= C_1[N']C_2[N] \text{ por HI e } \lambda \\
&= C_1[N']C_2[N'] \text{ por HI e } \lambda \\
&\equiv C[N']
\end{aligned}
$$

- $C[] \equiv \lambda x.C_1[]$:

$$
\begin{aligned}
C[N] &\equiv \lambda x.C_1[N] \\
&= \lambda x.C_1[N'] \text{ por HI e } (\xi) \\
&\equiv C[N']
\end{aligned}
$$

$\blacksquare$

2.4 Extensionalidade

A relação de convertibilidade, $=$, é igualdade intensional; dois termos são iguais se representam o mesmo algoritmo de alguma maneira. No entanto a relação não iguala alguns termos que naturalmente consideramos iguais. Por exemplo, considere um termo que tem uma variável muda e aplica um termo constante (i.e. um termo que não contém ocorrências livres da variável muda) a um qualquer termo no contexto dessa variável:

$$\lambda x.Mx$$

este termo deveria seguramente ser igual a M uma vez que se aplicarmos $\lambda x.Mx$ ou M a um termo N, ficaremos sempre com MN. Esta é a noção clássica de igualdade extensional analisada no Capítulo 1. A fórmula:

$$\lambda x.Mx = M$$

não é um teorema de λ; há duas maneiras em que podemos estender λ de modo a que a fórmula acima seja um teorema. Primeira, podemos juntar uma nova regra à teoria, originando a nova teoria $\lambda + ext$:

$$\frac{Mx = Nx}{M = N} \qquad x \notin (VL\,MN) \qquad\qquad \textbf{(ext)}$$

Em alternativa, podemos juntar um novo axioma, originando a nova teoria $\lambda\eta$ (como proposto por Church):

$$\lambda x.Mx = M, x \notin VL\,M \qquad (\eta)$$

De facto, temos o seguinte resultado:

Lema 2.4.1 $\lambda + \textbf{ext}$ *e* $\lambda\eta$ *são equivalentes*

Prova

- $\lambda + \textbf{ext} \vdash \lambda x.Mx = M, x \notin VL\,M$:

  Uma vez que $(\lambda x.Mx)x = Mx$ por (β) então se $x \notin VL\,M, (\lambda x.Mx) = M$ por **ext**

- $\lambda\eta \vdash \textbf{ext}$:

  Assuma que $Mx = Nx$ em que $x \notin VL\,MN$, então $\lambda x.Mx = \lambda x.Nx$ por (ξ) e portanto por (η) duas vezes, temos $M = N$

$\blacksquare$

O cálculo baseado em $\lambda\eta$ ou $\lambda + \textbf{ext}$ é chamado alternativamente cálculo $\lambda\eta$, cálculo $\lambda\beta\eta$, cálculo $\lambda K\eta$ ou cálculo $\lambda K\beta\eta$. Em termos práticos, do ponto de vista da programação funcional, o cálculo $\lambda\eta$ não é tão importante como o cálculo $\lambda\beta$ uma vez que a regra (η) não é normalmente implementada (ver por exemplo Peyton Jones para uma análise deste ponto). O termo $\lambda x.Mx$ é uma forma normal fraca à cabeça (ver Capítulos 8 e 9) e é portanto distinto de M; o primeiro é um "valor" enquanto que o último pode levar a uma computação que não termina. Mesmo numa linguagem ansiosa, como o Standard ML, os dois termos são distintos. No entanto, o cálculo $\lambda\eta$ tem alguma importância teórica que iremos abordar mais tarde.

2.5 Coerência e completude

Para uma teoria ser útil deve ter alguns teoremas e nem todas as fórmulas fechadas devem ser teoremas. A primeira propriedade é satisfeita se a teoria tiver pelo menos um axioma. A última propriedade pode ser ligeiramente enganadora e bastante delicada; uma teoria que satisfaz esta propriedade diz-se *coerente*. Ambas as teorias apresentadas neste capítulo são coerentes mas é muito fácil perder a coerência como vamos ver.

Começamos por formalizar o conceito. Primeiro, algumas definições:

Definição 2.5.1 *Uma* equação *é uma fórmula da forma:*

$$M = N$$

onde $M, N \in \Lambda$.

Definição 2.5.2 *Uma equação está* fechada *se* $M, N \in \Lambda^0$.

Definição 2.5.3 (Coerência)
Se $\mathcal{T}$ *é uma teoria em que as fórmulas são equações então* $\mathcal{T}$ *é* coerente*, o que se escreve Co($\mathcal{T}$), se a teoria não demonstra toda a equação fechada. Se* $\mathcal{T}$ *é um conjunto de equações então* $\lambda + \mathcal{T}$ *é obtido juntando a* λ *as equações de* $\mathcal{T}$ *como axiomas.* $\mathcal{T}$ *é* coerente*, o que se escreve Co($\mathcal{T}$), se Co($\lambda + \mathcal{T}$).*

Ambas as teorias com que lidamos neste capítulo, λ e $\lambda\eta$ são coerentes (ver livro de Barendregt). A propriedade da coerência é bastante frágil; pode ser perturbada pela junção de uma única equação. Definimos agora os seguintes três termos:

$$
\begin{aligned}
\mathbf{S} &\equiv \lambda xyz.xz(yz) \\
\mathbf{K} &\equiv \lambda xy.x \\
\mathbf{I} &\equiv \lambda x.x
\end{aligned}
$$

Note que:

$$
\begin{aligned}
\mathbf{S}MNO &= MO(NO) \text{ aplicando três vezes } (\beta) \\
\mathbf{K}MN &= M \\
\mathbf{I}M &= M
\end{aligned}
$$

Assim, se adicionarmos a equação:

$$\mathbf{S} = \mathbf{K}$$

a λ ou a $\lambda\eta$ ficamos com uma teoria incoerente. Isto pode ser provado da seguinte maneira (omitimos alguns passos):

Exemplo 2.5.1

$\mathbf{S} = \mathbf{K} \quad \Rightarrow \quad \mathbf{S}ABC = \mathbf{K}ABC$ *para todo o* A, B, C

$\qquad\qquad\quad \Rightarrow \quad AC(BC) = AC$

Considere o caso em que $A = C = \mathbf{I}$, *então uma vez que* $\mathbf{I}A = A$ *para todo* A:

$AC(BC) = AC \Rightarrow B(\mathbf{I}) = \mathbf{I}$

Considere o caso em que $B = \mathbf{K}D$ *para um* D *arbitrário, então:*

$B(\mathbf{I}) = \mathbf{I} \Rightarrow D = \mathbf{I}$

e assim, uma vez que D *é arbitrário, todos os termos são iguais ao termo constante* $\mathbf{I}$.

O leitor deve refazer a prova, preenchendo os passos em falta e as justificações.

A análise dos pontos anteriores motiva a seguinte definição:

Definição 2.5.4 (Incompatibilidade)
Sejam $M, N \in \Lambda$, *então* M *e* N *são* incompatíveis, *o que se escreve* $M\#N$, *se* $\neg Co(M = N)$.

Esta noção de incompatibilidade leva a uma técnica de prova útil, como exemplificado pelo seguinte exemplo e exercício. A técnica consiste em:

- Usar extensionalidade fraca para gerar uma equação fechada.

- Aplicar ambos os lados da equação aos mesmos termos diferentes e arbitrários $(M, N, O \ldots)$, iguais em número ao maior número de $\lambda's$ mais exteriores num dos lados da equação.

- Executar conversões β.

- Substituir os termos arbitrários por constantes específicas $(\mathbf{I}, \mathbf{K} \ldots)$ e tentar derivar uma equação:

$$\textit{termo arbitrário} = \textit{constante}$$

Ilustramos esta técnica pelo seguinte exemplo:

Exemplo 2.5.2 $xx\#xy$

Prova
Assuma que $xx = xy$; então:

	$\lambda xy.xx$	$= \lambda xy.xy$	pela extensionalidade fraca duas vezes
$\Rightarrow$	$(\lambda xy.xx)MN$	$= (\lambda xy.xy)MN$	para M, N arbitrários
$\Rightarrow$	MM	$= MN$	por β duas vezes
$\Rightarrow$	$\mathbf{I}$	$= N$	escolhendo $M \equiv \mathbf{I}$

■

Exercício 2.5.1

Mostre que a aplicação não é associativa provando que:

$$x(yz)\#(xy)z$$

Viramo-nos agora para a noção de completude. Mais uma vez, começamos por introduzir algumas definições:

Definição 2.5.5 (Formas normais)

Se $M \in \Lambda$, então M é uma forma normal β, se M não tem subtermos da forma $(\lambda x.R)S$

Se $M \in \Lambda$, então M tem uma forma normal β se existir um N tal que $N = M$ e N é uma forma normal β.

Alguns (não) exemplos de formas normais:

$\lambda x.x$ é uma forma normal
$(\lambda xy.x)(\lambda x.x)$ tem a forma normal $\lambda yx.x$
$(\lambda x.xx)(\lambda x.xx)$ não tem uma forma normal

Analogamente, uma forma formal $\beta\eta$ é uma forma normal β que não contém quaisquer subtermos da forma:

$$(\lambda x.Rx) \text{ com } x \notin VLR$$

Enunciamos agora os seguintes factos sobre formas normais:

Proposição 2.5.1

1. *M tem uma forma normal $\beta\eta \Leftrightarrow M$ tem uma forma normal β*

2. *Se M e N são formas normais β diferentes então $M = N$ não é um teorema de λ(e de modo semelhante em $\lambda\eta$).*

3. *Se M e N são formas normais $\beta\eta$ diferentes então $M\#N$.*

A prova desta proposição exige um número considerável de técnicas novas que vão para além do âmbito deste livro; remetemos o leitor interessado para o Capítulo 2 do livro de Barendregt. A utilização de formas normais $\beta\eta$ no último ponto é essencial; y e $\lambda x.yx$ são formas normais β diferentes mas não são incompatíveis – elas são equivalentes η.

A completude de $\lambda\eta$ é enunciada na seguinte proposição:

Proposição 2.5.2 (Completude)
Suponha que M e N são formas normais; então ou:
   $\lambda\eta \vdash M = N$
ou
   $\lambda\eta + (M = N)$ *é incoerente*

2.6   Conclusão

Concluímos o nosso estudo da conversão λ, a relação $=$ definida por λ. O leitor é incentivado a consultar o livro de Barendregt para um tratamento enciclopédico deste assunto.

A relação de convertibilidade, sendo uma relação de equivalência, induz uma partição da classe de termos λ. Quando se lida com classes de equivalência, é conveniente usar representantes canónicos. Os representantes óbvios a considerar no nosso estudo do cálculo λ são as formas normais (atenção — e os termos que não têm forma normal, tal como $(\lambda x.xx)(\lambda x.xx)$? Se os igualarmos obtemos uma teoria incoerente (voltaremos a este assunto mais tarde)). No próximo capítulo, estudaremos a noção de *redução*, através da qual os termos são sucessivamente simplificados rumo à forma normal. A motivação computacional para este estudo é que as formas normais correspondem a "respostas" e portanto o processo de redução corresponde à noção familiar de avaliação usada em linguagens de programação funcional.

Capítulo 3

Redução

A convertibilidade é uma relação simétrica e portanto não corresponde muito à nossa intuição sobre computação com termos. Neste capítulo estudamos uma nova relação sobre termos que se adapta melhor às nossas intuições. Após introduzir os conceitos base, apresentamos o teorema de Church–Rosser; este teorema é central no cálculo λ e vamos estudá-lo com algum detalhe. O outro teorema chave é o teorema da normalização; antes de o apresentar precisamos da noção de *resíduo* e da definição de *forma normal à cabeça*. Mostramos também como é que constantes podem ser adicionadas ao cálculo e estabelecemos condições para que a propriedade de Church–Rosser seja preservada.

3.1 Introdução

Sugerimos no capítulo anterior que as formas normais deveriam ser usadas como representantes canónicos das classes de equivalência induzidas pela relação de convertibilidade. Podemos obter uma visão mais computacional tratando as formas normais como as "respostas" produzidas pelos termos λ "programas". Esta visão tem justificação tendo em atenção que a obtenção da forma normal β de um termo envolve remover subtermos aplicação usando a regra (β); tínhamos já identificado este processo com a aplicação de uma função em linguagens de programação. Iremos explorar esta via ainda mais profundamente.[1]

---

[1]Note que em linguagens funcionais preguiçosas tais como o Haskell, são as formas normais (fracas) à cabeça que são consideradas as respostas, e não as formas normais — regressaremos a este assunto ulteriormente.

Ilustramos a análise anterior e motivamos a próxima matéria considerando um exemplo num cálculo λ enriquecido com constantes. Considere o seguinte programa:

```
let
  fat 0  = 1
  fat n = n * fat(n-1)
in fac 0
```

No capítulo anterior analisámos ao de leve uma variante desta função, onde vimos que era o ponto fixo de um certo funcional. Considere que o cálculo que estamos a usar é enriquecido com a constante $\mathbf{Y}$ que calcula o ponto fixo de um dado termo; seguindo a construção usada na prova do teorema do ponto fixo, é claro que tal constante pode ser definida pelo seguinte termo:

$$\lambda f.((\lambda x.f(xx))(\lambda x.f(xx)))$$

O programa pode ser traduzido para a seguinte forma:

$$(\lambda f.f0)(\mathbf{Y}(\lambda fn.se(= n\ 0)1(*\ n\ (f(-\ n\ 1)))))$$

note que o construtor let foi traduzido como um termo aplicação.

Considere agora a forma normal do programa. Podemos obtê-la aplicando repetidamente a regra (β); em linhas gerais, executamos os seguintes passos:[2]

$$
\begin{aligned}
(\lambda f.f0)(\mathbf{Y}\ldots) &= (\mathbf{Y}\ldots)0 \\
&= (\lambda fn.se\ldots)(\mathbf{Y}\ldots)0 \qquad (A)\\
&= (\lambda n.se(= n\ 0)1(*n((\mathbf{Y}\ldots)(-\ n\ 1))))0 \\
&= se(= 0\ 0)1(*0((\mathbf{Y}\ldots)(-\ 0\ 1))) \\
&= se\ \mathbf{verdadeiro}\ 1\ldots \\
&= 1
\end{aligned}
$$

Ao longo desta derivação usámos a relação de convertibilidade introduzida no capítulo anterior. A convertibilidade é simétrica, sendo de facto uma relação de equivalência, mas usámos-a de uma maneira não simétrica. Ficámos contentes por obter 1 como a resposta da computação acima, o fatorial de 0, mas é difícil ver o programa original como o valor do termo "1".

---

[2]Eliminámos dois passos e usámos uma propriedade caraterística de combinadores de ponto fixo tais como $\mathbf{Y}$:

$$\mathbf{Y}F = F(\mathbf{Y}F)$$

A visão anterior associaria um conjunto infinito de "valores" com termos tais como "1". Neste capítulo analisaremos novas relações entre termos λ, particularmente $\to_\beta$ (redução β num passo) e $\twoheadrightarrow_\beta$ (redução β), o fecho reflexivo e transitivo de $\to_\beta$. Veremos que $\twoheadrightarrow_\beta$ está intimamente relacionada com = mas não é simétrica; cada = na derivação acima, à exceção da no passo (A), poderia ser substituída por $\to_\beta$.

Ao fazer uma redução, somos confrontados com uma decisão estratégica. Por exemplo, na linha (A) existem dois subtermos da forma $(\lambda x.R)S$:

$$(\lambda fn.se\ldots)(\mathbf{Y}\ldots)0$$

e

$$(\mathbf{Y}\ldots)$$

isto é, o termo todo e o subtermo envolvendo o combinador de ponto fixo. Decidimos reduzir o primeiro termo mas analise o que aconteceria se repetidamente escolhêssemos reduzir o subtermo do ponto fixo: nunca chegaríamos à resposta, só iríamos construir um termo cada vez maior! Fazer a escolha "errada" não é no entanto sempre assim tão catastrófico, por exemplo:

$$
\begin{aligned}
(\lambda xy./(+\ x\ y)2)((\lambda z.+\ z\ 1)4)6 \quad &\to_\beta \quad (\lambda y./(+((\lambda z.+\ z\ 1)4)y)2)6 \\
&\to_\beta \quad /(+((\lambda z.+\ z\ 1)4)6)2 \\
&\to_\beta \quad /(+(+\ 4\ 1)6)2
\end{aligned}
$$

mas também:

$$
\begin{aligned}
(\lambda xy./(+\ x\ y)2)((\lambda z.+\ z\ 1)4)6 \quad &\to_\beta \quad (\lambda xy./(+\ x\ y)2)(+\ 4\ 1)6 \\
&\to_\beta \quad (\lambda y./(+(+\ 4\ 1)y)2)6 \\
&\to_\beta \quad /(+(+\ 4\ 1)6)2
\end{aligned}
$$

e portanto a resposta será a mesma.

Exercício 3.1.1 *Existem algumas outras sequências de redução com origem no termo acima; escreva-as. Considere outros termos e escreva as várias sequências de redução com origem neles.*

A análise acima deverá ter colocado duas questões na mente do leitor:

Questão 1: Dado um termo e um conjunto de sequências de redução com origem nesse termo cada uma terminando numa forma normal, é possível que algumas das sequências terminem em formas normais diferentes?

Questão 2: Dado que em algumas situações umas estratégias parecem ser melhores do que outras (por exemplo, do que o poço sem fundo dado por (**Y** ...)) existe alguma maneira boa de escolher o que fazer de seguida?

A primeira questão está intimamente ligada com a questão da *confluência*; computacionalmente, é equivalente a perguntar se podemos obter respostas diferentes de um programa dependendo de como o executamos. Um corolário do teorema de Church–Rosser, que apresentaremos abaixo, garante que a resposta a esta questão é não. A segunda questão está formulada de uma maneira mais ambígua; o teorema da normalização, também apresentado abaixo, aborda a questão apresentando uma ordem de redução que termina garantidamente com a forma normal se isso assim acontece para alguma sequência de redução (relembre $(\lambda x.xx)(\lambda x.xx)$!), mas se se pretender a solução ótima e não uma boa solução então a questão é mais complicada — consulte as referências para uma análise mais detalhada sobre este tópico.

3.2 Noções sobre redução

A redução pode ser vista como uma forma especial de relação nos termos λ. Porquê especial? Recorde a análise sobre os requisitos da igualdade no Capítulo 2; é compreensível colocar alguns dos mesmos requisitos na redução. Por exemplo, se um termo se reduz a outro, então o mesmo deve acontecer independentemente do contexto. Por outro lado, tendo presente a nossa análise anterior, não devemos pretender que uma relação de redução seja uma relação de equivalência. Introduzimos agora as definições seguintes:

Definição 3.2.1 $R \subseteq \Lambda^2$ *é compatível se:*

$$(M, M') \in R \Rightarrow (C[M], C[M']) \in R$$

para todo $M, M' \in \Lambda$ e todos os contextos $C[\,]$ com um buraco.

Definição 3.2.2 $R \subseteq \Lambda^2$, *é uma relação de igualdade (congruência) se é uma relação compatível de equivalência.*

Definição 3.2.3 $R \subseteq \Lambda^2$, *é uma relação de redução se é compatível, reflexiva e transitiva.*

Ulteriormente, nos Capítulos 8 e 9, veremos que em algumas situações há boas razões para relaxar o requisito de compatibilidade.

Descrevemos agora como se pode definir uma relação de redução num passo, uma relação de redução e uma relação de igualdade, a partir de uma relação base. A técnica consiste em fazer fechos do conjunto dado; para fazer com que um conjunto satisfaça uma propriedade, juntamos elementos, de uma maneira apropriada, até que o conjunto satisfaça a propriedade. Por exemplo, considere um subconjunto de $A \times A$ onde A é um conjunto; para fazer com que esse conjunto seja uma relação reflexiva em A, juntamos para todo o $a \in A$ o par (a, a) – isto gera o fecho reflexivo do subconjunto original.

Chamamos a uma relação binária arbitrária sobre Λ, uma *noção de redução*. Por exemplo, a noção de redução em que estamos particularmente interessados é:

$$\beta = \{((\lambda x.M)N, M[x := N]) \mid M, N \in \Lambda\}$$

Dadas duas noções de redução, R_1 e R_2, escrevemos $R_1 R_2$ para designar $R_1 \cup R_2$ (usamos principalmente quando R_1 é β e R_2 é η, caso em que escrevemos $\beta\eta$).

A relação de redução num passo induzida por uma noção de redução R, que se escreve $\to_R$, é o fecho compatível de R. O fecho é explicitamente obtido como se segue:

Definição 3.2.4 (Redução R num passo)

$$\frac{(M, N) \in R}{M \to_R N}$$

$$\frac{M \to_R N}{MZ \to_R NZ}$$

$$\frac{M \to_R N}{ZM \to_R ZN}$$

$$\frac{M \to_R N}{\lambda x.M \to_R \lambda x.N}$$

A notação "$M \to_R N$" deve ser lida como "M reduz-se R a N num passo" ou "N é um reduto R de M". Tínhamos já visto a relação $\to_\beta$, neste caso escrevemos frequentemente "M reduz-se a N num passo" ou "N é um reduto de M".

A relação de redução R, representada por $\twoheadrightarrow_R$, é obtida pelo fecho reflexivo e transitivo da relação de redução num passo. Embora, como o seu nome indica, a relação de redução num passo só permita um único passo de redução, a relação de redução permite muitos (inclusive zero! — permitido por reflexividade). O fecho reflexivo e transitivo é definido formalmente como se segue:

Definição 3.2.5 (Redução R)

$$\frac{M \to_R N}{M \twoheadrightarrow_R N}$$

$$M \twoheadrightarrow_R M$$

$$\frac{M \twoheadrightarrow_R N \qquad N \twoheadrightarrow_R L}{M \twoheadrightarrow_R L}$$

A notação "$M \twoheadrightarrow_R N$", deve ser lida "M reduz-se R a N".

Por último, consideramos a igualdade R (também chamada convertibilidade R), representada por $=_R$. Ela é a relação de equivalência gerada por $\twoheadrightarrow_R$. Para gerar a relação de equivalência, temos de fazer o fecho simétrico da relação. Mas atenção; por exemplo, dada uma relação reflexiva e transitiva sobre $\{1, 2, 3\}$:

$$\{(1, 1), (2, 2), (3, 3), (1, 2), (1, 3)\}$$

o seu fecho simétrico:

$$\{(1, 1), (2, 2), (3, 3), (1, 2), (1, 3), (2, 1), (3, 1)\}$$

não é mais transitivo, é necessário adicionarmos os seguintes elementos de modo a restaurar a transitividade:

$$(3, 2) \text{ e } (2, 3)$$

Assim, em geral, tendo feito o fecho simétrico, é necessário de seguida fazer o fecho transitivo:

Definição 3.2.6 (Convertibilidade R)

$$\frac{M \twoheadrightarrow_R N}{M =_R N}$$

$$\frac{M =_R N}{N =_R M}$$

$$\frac{M =_R N \qquad N =_R L}{M =_R L}$$

No caso de "$M =_R N$", dizemos que "M é convertível R a N".

Temos o seguinte resultado para estas relações:

Proposição 3.2.1 $\to_R$, $\twoheadrightarrow_R$ $e =_R$ *são compatíveis.*

Prova

- Para $\to_R$, a prova é imediata tendo em atenção a sua definição.

- Para $\twoheadrightarrow_R$ e $=_R$ a prova é por indução na definição. Uma vez que não vimos esta forma de indução antes, ilustramos este tipo de prova para $\twoheadrightarrow_R$:

  Base:

  $M \twoheadrightarrow_R N$ devido a que $M \to_R N$, assim, uma vez que $\to_R$ é compatível, $C[M] \to_R C[N]$ e portanto $C[M] \twoheadrightarrow_R C[N]$.

  $M \twoheadrightarrow_R N$ devido a que $M \equiv N$, logo a prova é trivial.

  Passo de Indução:

  $M \twoheadrightarrow_R N$ é uma consequência de $M \twoheadrightarrow_R L$ e $L \twoheadrightarrow_R N$, logo $C[M] \twoheadrightarrow_R C[L]$ pela HI e $C[L] \twoheadrightarrow_R C[N]$ pela HI e portanto:

  $$C[M] \twoheadrightarrow_R C[N]$$

  ∎

Anteriormente, analisámos a operação de substituição e apresentámos resultados relacionando $=$ com a operação de substituição (em particular o lema da substituição). Considerações semelhantes relativamente a $\to_R$ e $\twoheadrightarrow_R$ ajudam-nos a estabelecer algumas diferenças entre estas duas relações.

Lema 3.2.1 $N \twoheadrightarrow_R N' \Rightarrow M[x := N] \twoheadrightarrow_R M[x := N']$

Prova
A prova segue por indução na estrutura de M e pela compatibilidade de $\to_R$ (*):

Base:
$M \equiv z$, z é uma variável: trivial

Passo de Indução:

- $M \equiv M_1 M_2$:

$$
\begin{aligned}
M[x := N] \quad &\equiv \quad M_1[x := N]M_2[x := N] \\
&\to_R \quad M_1[x := N']M_2[x := N] \quad \text{pela HI e (*)} \\
&\to_R \quad M_1[x := N']M_2[x := N'] \quad \text{pela HI e (*)} \\
&\equiv \quad M[x := N']
\end{aligned}
$$

- $M \equiv \lambda y.M'$:

$$
\begin{aligned}
M[x := N] \quad &\equiv \quad (\lambda y.M')[x := N] \\
&\equiv \quad \lambda y.M'[x := N] \\
&\to_R \quad \lambda y.M'[x := N'] \qquad \text{pela HI e (*)} \\
&\equiv \quad M[x := N']
\end{aligned}
$$

∎

O mesmo resultado não se verifica para $\to_R$, uma vez que a substituição pode fazer com que sejam duplicadas expressões redutíveis (ver abaixo). Por exemplo considere: $M \equiv xx$, $N \equiv (\lambda y.y)z$ e $N' \equiv z$, então:

$$N \to_R N'$$

mas:

$$(\lambda y.y)z((\lambda y.y)z) \not\to_R zz$$

Definição 3.2.7 *Uma* expressão redutível R *consiste num termo* M *tal que* $(M, N) \in R$ *para algum termo* N; *neste caso* N *é designado por* contractum R *de* M. *Um termo* M *é designado por* forma normal R *se não contém qualquer expressão redutível* R. *Um termo* N *é uma forma normal* R *de* M *se* N *é uma forma normal* R *e* $M =_R N$.

Apresentamos agora um resultado que impõe alguns requisitos na forma dos termos que se relacionam por uma relação de redução num passo:

Proposição 3.2.2 $M \to_R N \Leftrightarrow M \equiv C[P]$, $N \equiv C[Q]$ *e* $(P, Q) \in R$ *para* $P, Q \in \Lambda$ *e contexto* $C[]$ *com um buraco.*

Prova
($\Rightarrow$)
Por indução na definição de $\to_R$.

- $M \to_R N$ porque $(M, N) \in R$: trivial considerando $C[] = []$
- $M \to_R N$ porque $M \equiv ZS$ e $N \equiv ZT$ e $S \to_R T$: aplicando a HI à redução de S para T existe um contexto $C[]$ tal que $S \equiv C[P]$ e $T \equiv C[Q]$ em que $(P, Q) \in R$. Assim basta considerar o contexto $ZC[]$ para completar a prova.
- Os outros casos são semelhantes.

($\Leftarrow$)
Pela compatibilidade de $\to_R$.

∎

Um corolário desta proposição dá-nos alguns resultados, esperados, relacionando redução e formas normais:

Corolário 3.2.1 *Seja M uma forma normal R, então:*
(i) Não existe N tal que $M \to_R N$
(ii) $M \twoheadrightarrow_R N \Rightarrow M \equiv N$

Prova
(i) Pelo resultado acima e pela definição de forma normal R.

(ii) Por (i), uma vez que $\twoheadrightarrow_R$ é o fecho reflexivo e transitivo de $\to_R$. ∎

Este resultado deve ser aplicado com cuidado; não é o caso de que se:

$$\forall N, M \twoheadrightarrow_R N \Rightarrow M \equiv N$$

então M é uma forma normal R. Para perceber porquê, considere o seguinte termo quando R é β:

$$M \equiv (\lambda x.xx)(\lambda x.xx)$$

Estamos agora prontos para apresentar o teorema de Church–Rosser.

3.3 Teorema de Church–Rosser

Começamos por introduzir a *propriedade do diamante*:

Definição 3.3.1 (Propriedade do diamante) *Seja $\triangleright$ uma relação binária sobre Λ, então $\triangleright$ satisfaz a propriedade do diamante, caso em que se escreve $\triangleright \models \Diamond$, se:*

$$\forall M, M_1, M_2[M \triangleright M_1 \land M \triangleright M_2 \Rightarrow \exists M_3[M_1 \triangleright M_3 \land M_2 \triangleright M_3]]$$

Se existirem dois passos $\triangleright$ a partir de um termo e $\triangleright$ satisfaz a propriedade do diamante, então existe sempre possibilidade de haver convergência novamente.

Definição 3.3.2 (Church–Rosser) *Uma noção de redução R tem a propriedade de Church–Rosser (CR) se $\twoheadrightarrow_R \models \Diamond$.*

Temos então o seguinte teorema:

Teorema 3.3.1 (Teorema de Church–Rosser)
Seja R com CR, então:

$$M =_R N \Rightarrow \exists Z[M \twoheadrightarrow_R Z \land N \twoheadrightarrow_R Z]$$

Prova

Por indução na definição de $=_R$:

(i) $M =_R N$ pois $M \twoheadrightarrow_R N$: escolha $Z \equiv N$

(ii) $M =_R N$ pois $N =_R M$: trivial

(iii) $M =_R N$ pois $M =_R L$ e $L =_R N$: por HI duas vezes:

$$\exists Z_1 [M \twoheadrightarrow_R Z_1 \wedge L \twoheadrightarrow_R Z_1]$$

e

$$\exists Z_2 [L \twoheadrightarrow_R Z_2 \wedge N \twoheadrightarrow_R Z_2]$$

e portanto, uma vez que:

$$L \twoheadrightarrow_R Z_1$$

e

$$L \twoheadrightarrow_R Z_2$$

tendo em atenção que R é CR, existe um Z tal que:

$$Z_1 \twoheadrightarrow_R Z \qquad \text{e} \qquad Z_2 \twoheadrightarrow_R Z$$

e portanto a tese pode ser concluída.   ∎

Este teorema tem o seguinte corolário útil:

Corolário 3.3.1 *Seja R com CR, então:*
(i) se N é uma forma normal R de M então $M \twoheadrightarrow_R N$
(ii) um termo pode ter no máximo uma forma normal R

Prova
(i) Seja $M =_R N$, onde N é uma forma normal R. Então pelo teorema existe um Z tal que $M \twoheadrightarrow_R Z$ e $N \twoheadrightarrow_R Z$. No entanto uma vez que N é uma formal normal R, temos que $N \equiv Z$.
(ii) Sejam N_1 e N_2 ambos formas normais R de M. Então $N_1 =_R M =_R N_2$ logo $N_1 =_R N_2$ e portanto existe um Z ao qual ambas as formas normais se reduzem (pelo teorema); assim

$$N_1 \equiv Z \equiv N_2$$

∎

Por consequência, se conseguirmos demonstrar que β é CR, teremos respondido à nossa primeira questão. Todavia o corolário diz-nos mais;

não só garante a unicidade das formas normais dos termos, como também garante que se um termo tem uma forma normal então é possível reduzir o termo a ela.

Para demonstrar que β é CR temos de provar que $\twoheadrightarrow_\beta \models \Diamond$. Primeiro alguma notação; se $\rhd$ é uma relação binária num conjunto X, então escrevendo $\rhd^*$ para o seu fecho transitivo; temos que:

$$\rhd \models \Diamond \Rightarrow \rhd^* \models \Diamond$$

o que pode ser explicado analisando o seguinte diagrama:

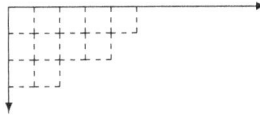

Os eixos representam reduções divergentes, o lado de cada quadrado pequeno representa um passo. Os quadrados pequenos interiores, (alguns dos quais são) mostrados com linhas tracejadas, podem todos ser completos usando a propriedade CR para $\rhd$. Assim se conseguirmos mostrar que o fecho reflexivo da redução β num passo satisfaz a propriedade do diamante, teremos terminado. Infelizmente, a vida nunca é assim tão simples! Considere o seguinte termo:

$$(\lambda x.xx)((\lambda x.x)(\lambda x.x))$$

que tem o seguinte par de reduções divergentes:

$$(\lambda x.xx)((\lambda x.x)(\lambda x.x)) \rightarrow_\beta ((\lambda x.x)(\lambda x.x))((\lambda x.x)(\lambda x.x))$$

$$(\lambda x.xx)((\lambda x.x)(\lambda x.x)) \rightarrow_\beta (\lambda x.xx)(\lambda x.x)$$

Mas enquanto no segundo caso existe uma só expressão redutível:

$$(\lambda x.xx)(\lambda x.x) \rightarrow_\beta (\lambda x.x)(\lambda x.x)$$

não há maneira de convergir para este termo num passo no primeiro caso. Assim não podemos utilizar diretamente o resultado acima para mostrar que β é CR. A abordagem que iremos seguir implica introduzir uma nova relação entre o fecho reflexivo de $\rightarrow_\beta$ e $\twoheadrightarrow_\beta$ e que tem $\twoheadrightarrow_\beta$ como o seu fecho transitivo.

Vamos definir a relação $\twoheadrightarrow_1$. Esta relação é reflexiva e permite várias reduções β num único passo. A relação "$M \twoheadrightarrow_1 N$" deve ser lida como "M grã reduz-se a N". A intuição é que $\twoheadrightarrow_1$ pode executar vários passos $\rightarrow_\beta$ num único grande passo.

Definição 3.3.3 (Redução grã)
$\twoheadrightarrow_1$ *é definida da seguinte maneira:*

$$M \twoheadrightarrow_1 M$$

$$\frac{M \twoheadrightarrow_1 M'}{\lambda x.M \twoheadrightarrow_1 \lambda x.M'}$$

$$\frac{M \twoheadrightarrow_1 M' \qquad N \twoheadrightarrow_1 N'}{MN \twoheadrightarrow_1 M'N'}$$

$$\frac{M \twoheadrightarrow_1 M' \qquad N \twoheadrightarrow_1 N'}{(\lambda x.M)N \twoheadrightarrow_1 M'[x := N']}$$

Note que, uma vez que $\twoheadrightarrow_1$ é reflexiva, ambos os passos divergentes de $\twoheadrightarrow_\beta$ são também passos de $\twoheadrightarrow_1$. Há dois passos de $\twoheadrightarrow_1$ adicionais, o primeiro usa reflexividade e o segundo termina no termo $(\lambda x.x)(\lambda x.x)$ (usando a quarta cláusula na definição). O seguinte facto fornece evidência que $\twoheadrightarrow_1$ é mais fraca do que $\twoheadrightarrow_\beta$:

$$(\lambda x.xx)((\lambda x.x)(\lambda x.x)) \twoheadrightarrow_\beta \lambda x.x$$

mas a redução grã correspondente requer pelo menos dois passos.

Exercício 3.3.1
(i) Mostre que $\twoheadrightarrow_\beta$ está incluído em $\twoheadrightarrow_1$.
(ii) Indique as várias sequências de redução de $\twoheadrightarrow_1$ que começam com o seguinte termo: $(\lambda x.xx)((\lambda x.x)(\lambda x.x))$

As seguintes propriedades de $\twoheadrightarrow_1$ podem ser todas provadas por indução na definição da relação:

1. $M \twoheadrightarrow_1 M', N \twoheadrightarrow_1 N' \Rightarrow M[x := N] \twoheadrightarrow_1 M'[x := N']$

2. $\lambda x.M \twoheadrightarrow_1 N \Rightarrow N \equiv \lambda x.M'$ com $M \twoheadrightarrow_1 M'$

3. $MN \twoheadrightarrow_1 L$ implica que:

    (a) ou $L \equiv M'N'$ com $M \twoheadrightarrow_1 M'$ e $N \twoheadrightarrow_1 N'$
    (b) ou $M \equiv \lambda x.P, L \equiv P'[x := N']$ com $P \twoheadrightarrow_1 P'$ e $N \twoheadrightarrow_1 N'$

4. $\twoheadrightarrow_1 \models \Diamond$

Provamos a segunda e a quarta propriedades.

Lema 3.3.1 $\lambda x.M \twoheadrightarrow_1 N \Rightarrow N \equiv \lambda x.M'$ *com* $M \twoheadrightarrow_1 M'$

Prova

$N \equiv \lambda x.M$: trivial

$N \equiv \lambda x.M'$ e $M \twoheadrightarrow_1 M'$: trivial

Os outros casos da definição não se aplicam. ∎

Lema 3.3.2 $\twoheadrightarrow_1 \models \Diamond$

Prova

A prova é por indução na definição de $M \twoheadrightarrow_1 M_1$; mostramos que para todo o M_2 tal que $M \twoheadrightarrow_1 M_2$, existe um termo M_3 tal que $M_1 \twoheadrightarrow_1 M_3$ e $M_2 \twoheadrightarrow_1 M_3$.

- $M_1 \equiv M$: escolha $M_3 \equiv M_2$.

- $M \equiv \lambda x.P$ e $M_1 \equiv \lambda x.P'$ e $P \twoheadrightarrow_1 P'$: Pelo lema anterior M_2 tem de ser da forma $\lambda x.P''$ com $P \twoheadrightarrow_1 P''$. Pela HI, P' e P'' têm um reduto comum, denotado por exemplo por P'''; escolhemos $M_3 \equiv \lambda x.P'''$.

- $M \equiv PQ$, $M_1 \equiv P'Q'$ e $P \twoheadrightarrow_1 P'$, $Q \twoheadrightarrow_1 Q'$: tendo em atenção as propriedades listadas acima, há dois casos a considerar.

  (i) $M_2 \equiv P''Q''$ com $P \twoheadrightarrow_1 P''$ e $Q \twoheadrightarrow_1 Q''$: então pela HI P' e P'' (respetivamente Q' e Q'') têm um reduto comum P''' (respetivamente Q''') e podemos tomar $M_3 \equiv P'''Q'''$.

  (ii) $M_2 \equiv P_1''[x := Q'']$ com $P \equiv \lambda x.P_1$, $P_1 \twoheadrightarrow_1 P_1''$ e $Q \twoheadrightarrow_1 Q''$: então pelo lema anterior, $P' \equiv \lambda x.P_1'$ com $P_1 \twoheadrightarrow_1 P_1'$. Pela HI aplicada a Q', Q'' e P_1', P_1'' existe um reduto comum de M_1 e M_2, o qual é $P_1'''[x := Q''']$.

- $M \equiv (\lambda x.P)Q$, $M_1 \equiv P'[x := Q']$ e $P \twoheadrightarrow_1 P'$, $Q \twoheadrightarrow_1 Q'$: mais uma vez existem dois casos dependendo se $M_2 \equiv P''[x := Q'']$ ou $M_2 \equiv (\lambda x.P'')Q''$; em ambos os casos a prova decorre de maneira semelhante ao caso anterior.

∎

Por último, provamos o resultado aguardado:

Teorema 3.3.2 $\twoheadrightarrow_\beta$ *é o fecho transitivo de* $\twoheadrightarrow_1$

Prova (Esboço)

Tendo em atenção o Exercício 3.3.1, é fácil ver que o fecho reflexivo de $\rightarrow_\beta$ está incluído em $\twoheadrightarrow_1$. É também fácil ver que $\twoheadrightarrow_\beta \supset \twoheadrightarrow_1$ e portanto, uma vez que $\twoheadrightarrow_\beta$ é o fecho transitivo do fecho reflexivo de $\rightarrow_\beta$, então também é o fecho transitivo de $\twoheadrightarrow_1$. ∎

Capitalizando neste resultado e na propriedade 4 de $\twoheadrightarrow_1$ temos que β é CR.

Portanto, usando o corolário do teorema com que iniciámos a secção, sabemos que as formas normais β são únicas e que, se um termo tem uma forma normal β então é possível reduzi-lo a essa forma normal. Isto permite-nos provar a coerência da teoria λ. Primeiro, precisamos de provar o seguinte:

Proposição 3.3.1 $M =_\beta N \Leftrightarrow \lambda \vdash M = N$

Prova
($\Rightarrow$): Por indução nas definições das relações envolvidas. (**Exercício**)
($\Leftarrow$): Por indução no comprimento da prova de $M = N$. (**Exercício**)   ∎

A coerência é obtida pois:

$$M = N$$

não é teorema quaisquer que sejam as formas normais diferentes (porque pelo teorema de Church–Rosser elas teriam de ter um contractum comum para a igualdade se verificar).

Podemos também definir uma noção de redução que está relacionada com a teoria extensional $\lambda\eta$:

$$\eta = \{(\lambda x.Mx, M) \mid x \notin VL(M)\}$$

Podemos definir redução η num passo, redução η e convertibilidade η da maneira canónica. É então possível abordar a questão "É η CR?"; no entanto, uma questão mais interessante é se a noção derivada $\beta\eta$ ($= \beta \cup \eta$) o é. De facto ambas η e $\beta\eta$ são CR e o leitor interessado pode consultar Barendregt para mais informação.

Lema de Newman

Existe uma maneira alternativa de mostrar que uma noção de redução é CR através do lema de Newman. Primeiro introduzimos mais algumas definições:

Definição 3.3.4 *Uma relação binária, $\triangleright$, sobre um conjunto X satisfaz a* propriedade fraca do diamante *se:*

$$\forall M, M_1, M_2[M \triangleright M_1 \wedge M \triangleright M_2 \Rightarrow \exists M_3[M_1 \triangleright^*_= M_3 \wedge M_2 \triangleright^*_= M_3]]$$

onde $\triangleright^*_=$ é o fecho reflexivo e transitivo de $\triangleright$.

Compare com a propriedade do diamante; na propriedade fraca do diamante as reduções divergem num passo mas podem existir muitos passos (ou nenhum) para reconvergirem. As sequências de redução convergentes não precisam de ter o mesmo número de passos. A relação de redução $\to_\beta$ satisfaz a propriedade fraca do diamante.

Definição 3.3.5 *R é* fracamente Church–Rosser (fracamente CR) *se* $\to_R$ *satisfaz a propriedade fraca do diamante.*

Definição 3.3.6 *Dado $M \in \Lambda$:*

1. *M normaliza-se R fortemente (R-FN(M)) se não existe uma redução R infinita com início em M.*

2. *M é infinito R (R-∞(M)) se não se normaliza R fortemente.*

3. *R é* fortemente normalizadora (FN) *se:*

$$\forall M \in \Lambda.R\text{-}FN(M)$$

Exemplos de (1) para β:

$$\lambda x.x \text{ e } (\lambda x.xx)((\lambda x.x)(\lambda x.x))$$

Mas:

$$\beta\text{-}\infty((\lambda x.xx)(\lambda x.xx)) \text{ e } \beta\text{-}\infty((\lambda x.y)((\lambda x.xx)(\lambda x.xx)))$$

O segundo exemplo é instrutivo pois mostra que alguns termos podem ser infinitos β e mesmo assim ter formas normais. Devido à existência destes últimos exemplos, é evidente que β não é fortemente normalizadora e portanto o seguinte lema não se lhe aplica (no entanto será útil para o cálculo λ simplesmente tipificado). O lema de Newman é enunciado como se segue:

Lema 3.3.3 (Lema de Newman)

$$FN \wedge fracamente\ CR \Rightarrow CR$$

A prova do lema usa a noção de *ambiguidade*: dizemos que um termo é ambíguo se se reduz R a duas formas normais R diferentes. Para mostrar a propriedade de Church-Rosser, é suficiente mostrar que todo o termo tem uma única forma normal, devido a R ser fortemente normalizadora.

Prova [do lema de Newman]

Devido a R ser fortemente normalizadora todo o termo reduz-se R a uma forma normal R. Suponha que um termo M é ambíguo, i.e. $M{\to}_R M_1$ e $M{\to}_R M_2$ com M_1, M_2 formas normais R diferentes. Seja M' tal que $M \to_R M'$, há dois casos a considerar:

1. $M \to_R M' {\to}_R M_1$: então existe também um termo M'' tal que $M \to_R M'' {\to}_R M_2$ e portanto devido a R ser fracamente CR existe um termo M''' tal que $M' {\to}_R M'''$ e $M'' {\to}_R M'''$. Tendo em atenção a nossa observação inicial, existe uma forma normal M_3 à qual M''' se reduz e portanto $M' {\to}_R M_1$ e $M' {\to}_R M_3$.

2. não existe redução divergente a partir de M: neste caso a ambiguidade de M surge devido a uma divergência após a redução inicial $M \to_R M'$.

Num caso ou noutro, temos que para todo o termo ambíguo M, existe um outro termo ambíguo M' tal que $M \to_R M'$. Esta situação não é permitida pois R é fortemente normalizadora – portanto não há termos ambíguos, i.e. todo o termo tem uma única forma normal.

$\blacksquare$

Assim a estratégia alternativa passa por mostrar separadamente que a noção é FN e fracamente CR e depois inferir CR.

Grafos de redução

Fechamos esta secção introduzindo a noção de grafos de redução; uma ferramenta muito útil:

Definição 3.3.7 *O grafo de redução R de um termo M, designado por $G_R(M)$, é o conjunto:*

$$\{N \in \Lambda \mid M {\twoheadrightarrow}_R N\}$$

dirigido por $\to_R$. Se várias expressões redutíveis dão origem a $M_0 \to_R M_1$, então o mesmo número de arcos dirigidos ligam M_0 a M_1.

Exemplo 3.3.1 $G_\beta(WWW)$ com $W \equiv \lambda xy.xyy$ é:

e $G_\beta((\lambda x.xx)(\lambda x.xx))$ *é:*

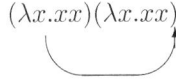

$$(\lambda x.xx)(\lambda x.xx)$$

Note que M ter uma forma normal β não implica que $G_\beta(M)$ seja finito; considere o termo:

$$M \equiv (\lambda xy.y)(\omega_3\omega_3) \text{ com } \omega_3 \equiv \lambda x.xxx$$

então M tem a forma normal β $\lambda y.y$ mas:

Exercício 3.3.2 *Desenhe* $G_\beta(M)$.

Nem o facto de $G_\beta(M)$ ser finito implica que M tenha uma forma normal β; é suficiente considerar o segundo grafo acima. No entanto, é possível mostrar o seguinte resultado, que relaciona grafos e a noção de normalização forte:

Proposição 3.3.2 β-*FN*$(M) \Rightarrow G_\beta(M)$ *é finito e* M *tem uma forma normal* β.

Prova

Uma vez que estamos a lidar com termos finitos, cada termo contém um número finito de expressões redutíveis e portanto o grafo de redução tem um grau de ramificação finito. Dado que M normaliza-se β fortemente, temos que não existem caminhos infinitos em $G_\beta(M)$. Assim, pelo lema de König, $G_\beta(M)$ é finito. Mais ainda, a ausência de caminhos infinitos implica que o grafo é acíclico; assim tem de existir um nó terminal, a forma normal β de M. ∎

No entanto o recíproco não se verifica; basta considerar

$$G_\beta((\lambda xy.y)((\lambda x.xx)(\lambda x.xx)))$$

3.4 Regras delta

O cálculo λ puro, sem tipos é um formalismo extremamente poderoso. De facto, todas as funções computáveis são representáveis por termos λ como iremos ver mais tarde. Tais representações usam mecanismos de

codificação elaborados. Por exemplo, a seguinte especificação de tipos de
dados é equivalente a uma possível codificação dos inteiros:

$$num = Zero \mid Suc\ num$$

de tal maneira que $Suc(Suc(Suc(Suc(Suc\ Zero))))$ representa 5 (por exemplo) e as operações aritméticas são codificadas por funções recursivas, por
exemplo:

$$
\begin{aligned}
soma(m, Zero) &= m \\
soma(m, Suc(n)) &= soma(Suc(m), n)
\end{aligned}
$$

Uma alternativa a esta abordagem consiste em adicionar constantes à notação juntamente com regras de redução associadas (as chamadas regras δ).

Sendo δ uma constante, escrevemos $\Lambda\delta$ para representar a classe de termos construídos a partir do alfabeto usual enriquecido com δ. Uma regra
δ é então da forma:[3]

$$\delta\vec{M} \rightarrow E(\vec{M})$$

Um exemplo, apresentado por Church, é:

$$
\begin{aligned}
\delta_C MN &\rightarrow \lambda xy.x \text{ se } M, N \text{ são formas normais } \beta\delta_C \text{ fechadas, } M \equiv N \\
\delta_C MN &\rightarrow \lambda xy.y \text{ se } M, N \text{ são formas normais } \beta\delta_C \text{ fechadas, } M \not\equiv N
\end{aligned}
$$

Várias observações se impõem neste momento. Primeiro, como veremos
mais tarde, $\lambda xy.x$ é uma codificação canónica para *verdadeiro* e $\lambda xy.y$ é uma
codificação canónica para *falso*. Assim δ_C é efetivamente um predicado que
determina se duas formas normais $\beta\delta_C$ fechadas são sintaticamente iguais.
É importante que as regras δ especifiquem termos fechados de modo a evitar
incoerência:

$$(\lambda xy.\delta_C xy)\mathbf{II} \twoheadrightarrow \delta_C\mathbf{II} \rightarrow \lambda xy.x$$

mas se δ_C puder ser aplicado a termos abertos então também temos que:

$$(\lambda xy.\delta_C xy)\mathbf{II} \rightarrow (\lambda xyzw.w)\mathbf{II} \twoheadrightarrow \lambda zw.w$$

Assim,

$$
\begin{aligned}
\lambda xy.x &= \lambda zw.w \\
&\Rightarrow (\lambda xy.x)MN = (\lambda zw.w)MN \\
&\Rightarrow M = N
\end{aligned}
$$

---

[3]Usamos a notação $E(M)$ para denotar uma expressão arbitrária envolvendo M.

para M, N arbitrários. Por razões a que iremos retornar abaixo, é também importante que δ_C opere sobre formas normais.

No entanto é necessário atenção. Mesmo regras que parecem inócuas podem perturbar a propriedade de Church–Rosser. Isto é ilustrado pelo seguinte exemplo. Consideramos $\Lambda cons, prim, rest$ com as regras (no conjunto chamadas ES denotando "emparelhamento sobrejetivo"):

$$
\begin{aligned}
prim(cons M_1 M_2) &\rightarrow M_1 \\
rest(cons M_1 M_2) &\rightarrow M_2 \\
cons(prim M)(rest M) &\rightarrow M
\end{aligned}
$$

Klop mostra que βES não é CR. Iremos restringir-nos a uma análise informal da prova uma vez que ela requer alguma teoria nova que está para além do âmbito do presente livro. O problema pode ser ilustrado no contexto de uma teoria mais simples envolvendo as constantes δ e ϵ e a regra:

$$\delta MM \rightarrow \epsilon$$

É possível definirmos termos λ com as seguintes propriedades:

$$Cx \twoheadrightarrow \delta x(Cx)$$

$$A \twoheadrightarrow CA$$

Ambos os termos usam combinadores de ponto fixo mas não o que temos usado. O leitor é encorajado a regressar a este ponto após ler o Capítulo 6. Então:

$$A \twoheadrightarrow CA \twoheadrightarrow \delta A(CA) \twoheadrightarrow \delta(CA)(CA) \rightarrow \epsilon$$

mas também:

$$A \twoheadrightarrow CA \twoheadrightarrow C(CA) \twoheadrightarrow C(\delta A(CA)) \twoheadrightarrow C(\delta(CA)(CA)) \rightarrow C\epsilon$$

e podemos agora mostrar que não existe sequência de redução com origem em $C\epsilon$ que resulte em ϵ.

Assim como podemos ter a certeza que não iremos perturbar a propriedade de Church–Rosser? Felizmente há um teorema, proposto por Mitschke, que agora apresentamos, que dá condições suficientes para CR ser preservado. Começamos por definir o que significa duas relações binárias comutarem:

Definição 3.4.1 *Sejam* $\triangleright_1$ *e* $\triangleright_2$ *relações binárias sobre* X. $\triangleright_1$ *e* $\triangleright_2$ *comutam se:*

$$\forall x, x_1, x_2 \in X[x \triangleright_1 x_1 \wedge x \triangleright_2 x_2 \Rightarrow \exists x_3 \in X[x_1 \triangleright_2 x_3 \wedge x_2 \triangleright_1 x_3]]$$

Note que $\triangleright \models \Diamond$ se e só se $\triangleright$ comuta consigo própria (ver definição). Um lema importante (e útil) que usa esta noção de comutatividade foi provado por Hindley e Rosen:

Lema 3.4.1 (Lema de Hindley–Rosen)
(i) Sejam $\triangleright_1$ *e* $\triangleright_2$ *relações binárias sobre* X. *Suponha que*

1. $\triangleright_1 \models \Diamond$ *e* $\triangleright_2 \models \Diamond$

2. $\triangleright_1$ *comuta com* $\triangleright_2$

então $(\triangleright_1 \cup \triangleright_2)^* \models \Diamond$ *(onde* $(\triangleright_1 \cup \triangleright_2)^*$ *é o fecho transitivo da relação combinada).*
(ii) Sejam R_1 *e* R_2 *duas noções de redução. Suponha que*

1. R_1 *e* R_2 *são CR*

2. $\twoheadrightarrow_{R_1}$ *comuta com* $\twoheadrightarrow_{R_2}$

então $R_1 \cup R_2$ *é CR.*

Prova
(i) Considere o seguinte diagrama:

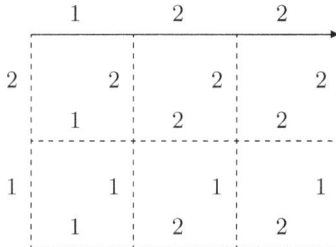

os números indicam que relação é usada no passo. Todos os quadrados a ponteado podem ser preenchido ou por (1) ou por (2).
(ii) vem de (i), uma vez que $\rightarrow_{R_1 R_2}$ é $(\rightarrow_{R_1} \cup \rightarrow_{R_2})^*$ ■

Podemos agora estabelecer o teorema de Mitschke:

Teorema 3.4.1 *Seja δ uma constante. Sejam $R_1, \ldots, R_m$ relações n-árias sobre $\Lambda\delta$ e sejam $N_1, \ldots, N_m$ termos arbitrários em $\Lambda\delta$. Definimos a noção de redução δ pelas seguintes regras:*

$$\delta\vec{M} \quad \rightarrow \quad N_1 \; se \; R_1(\vec{M})$$
$$\cdots$$
$$\delta\vec{M} \quad \rightarrow \quad N_m \; se \; R_m(\vec{M})$$

Denote esta coleção de regras por δ_M. Então $\beta\delta_M$ é CR se:

1. *As relações R_i são disjuntas*

2. *As relações R_i são fechadas para a redução $\beta\delta_M$ e para a substituição, isto é:*

   $R_i(\vec{M}) \Rightarrow R_i(\vec{M'})$ *se $\vec{M} \twoheadrightarrow_{\beta\delta_M} \vec{M'}$ ou $\vec{M'}$ é uma instância de substituição de $\vec{M}$.*

Sem surpresa, a prova deste teorema é bastante complexa! Apresentamos um esboço dos passos principais:

Prova (Esboço)

Passo 1
Mostrar que δ_M é CR mostrando que o fecho reflexivo de $\rightarrow_{\delta_M} \models \diamond$; isto vem por uma análise de casos simples (2 casos: expressões redutíveis disjuntas e expressões redutíveis com sobreposição) usando o facto que as R_i são fechadas para a redução δ_M.

Passo 2
Mostrar que β e δ_M comutam, através da análise das posições relativas das expressões redutíveis β e δ_M. Por exemplo, suponha que realizamos primeiro um passo β, então:

1. se a expressão redutível β está dentro da expressão redutível δ_M então, uma vez que as R_i são fechadas para a redução β, a expressão redutível δ_M é preservada.

2. se a expressão redutível δ_M está no corpo do subtermo função da expressão redutível β então, uma vez que as R_i são fechadas para a substituição, a expressão redutível δ_M é preservada.

3. se a expressão redutível δ_M é um subtermo do argumento na expressão redutível β então ele pode ser duplicado.

4. se as expressões redutíveis são disjuntas então a expressão redutível δ_M é trivialmente preservada.

Considerações semelhantes para a expressão redutível δ_M permitem concluir:

$$\forall M, M_1, M_2 [M \rightarrow_\beta M_1 \land M \rightarrow_{\delta_M} M_2 \Rightarrow \exists M_3 [M_1 \twoheadrightarrow_{\delta_M} M_3 \land M_2 \twoheadrightarrow_\beta M_3]]$$

e portanto a comutatividade de $\to_\beta$ e $\to_{\delta_M}$ vem por análise do diagrama.

Passo 3

Portanto, pelo lema de Hindley–Rosen (ii), $\beta\delta_M$ é CR   ∎

Exercício 3.4.1 *Complete a prova.*

A título ilustrativo, porque razão a regra:

$$\delta MM \to \epsilon$$

infringe os requisitos do teorema de Mitschke? Primeiro, note que devemos escrever mais corretamente a regra da seguinte forma:

$$\delta MN \to \epsilon \text{ se } M \equiv N$$

O que torna evidente que o predicado não é fechado para a redução $\beta\delta$; podemos perder a igualdade sintática ao fazer um número diferente de reduções aos dois argumentos. Como nota final, as regras de Church satisfazem os requisitos devido à insistência de que M e N são formas normais $\beta\delta_C$.

3.5   Resíduos

No seguimento iremos frequentemente seguir uma expressão redutível ao longo de uma sequência de redução. Claro que a expressão redutível, ou um subtermo mais geral, pode ser modificado ao longo dessa sequência. Por exemplo, na seguinte sequência:

$$
\begin{aligned}
&(\lambda xy.(\lambda zw.xz)y)MN \\
\to_\beta\ &(\lambda y.\underline{(\lambda zw.Mz)y})N \\
\to_\beta\ &\underline{(\lambda zw.Mz)N} \\
\to_\beta\ &\underline{\lambda w.MN}
\end{aligned}
$$

as expressões redutíveis sublinhadas estão claramente relacionadas embora sejam diferentes; note que não resta nada da expressão redutível no termo final (ela foi reduzida na linha anterior). Formalizamos este conceito introduzindo a noção de *descendentes* de um subtermo; reservamos o nome *resíduo* para o descendente de uma expressão redutível. Seguimos Klop e Lévy e introduzimos estas noções via uma variante etiquetada do cálculo λ.

Os termos do cálculo λ etiquetado são palavras sobre o alfabeto usual enriquecido com um conjunto de etiquetas $\mathcal{A}$ (por exemplo $\mathcal{A}$ pode ser $\mathcal{Z}_{\geq 0}$ - os inteiros não negativos):

Definição 3.5.1

$\Lambda_{\mathcal{A}}$ *é o conjunto dos termos λ etiquetados, definido indutivamente como se segue:*

1. $x^a \in \Lambda_{\mathcal{A}}$ *se $a \in \mathcal{A}$ e x é uma variável*

2. *Se $M \in \Lambda_{\mathcal{A}}$ e $a \in \mathcal{A}$ então $(\lambda x.M)^a \in \Lambda_{\mathcal{A}}$*

3. *Se $M, N \in \Lambda_{\mathcal{A}}$ e $a \in \mathcal{A}$ então $(MN)^a \in \Lambda_{\mathcal{A}}$*

Por exemplo:

$$((\lambda x.(x^1 x^2)^3)^4 (y^5 z^6)^7)^8$$

Podemos desenvolver uma teoria muito semelhante a λ para este cálculo; em vez de o fazer iremos simplesmente definir a regra (β) e a operação de substituição associada e deixar ao leitor o preenchimento dos detalhes em falta. Uma vez que podemos ver as etiquetas como cores apensas aos termos mas que não têm efeito na computação (mas são preservadas por redução) a teoria é semelhante à anteriormente desenvolvida. A nova regra (β) é:

$$((\lambda x.A)^a B)^b = A[x := B]$$

Note que A e B são termos etiquetados, as suas etiquetas são preservadas, mas as etiquetas a e b desapareceram. Isto tem justificação pois a é a etiqueta da parte da expressão redutível correspondente à função e b etiqueta a expressão redutível; nenhuma destas partes tem qualquer papel ulterior na sequência de redução uma vez a expressão redutível ter sido reduzida. A operação de substituição tem de respeitar as etiquetas:

Definição 3.5.2

$$
\begin{array}{lcl}
x^a[x := B] & \equiv & B \\
y^a[x := B] & \equiv & y^a, \text{ se } y \text{ não é } x \\
(MN)^a[x := B] & \equiv & (M[x := B]N[x := B])^a \\
(\lambda y.M)^a[x := B] & \equiv & (\lambda y.M[x := B])^a
\end{array}
$$

Por exemplo, correspondendo ao termo não etiquetado:

$$(((\lambda x.(\lambda y.y))((\lambda x.xx)(\lambda x.xx)))((\lambda x.x)z))$$

temos o seguinte termo etiquetado e sequência de redução:

$$(((\lambda x.(\lambda y.y^1)^2)^3((\lambda x.x^4 x^5)^6(\lambda x.x^7 x^8)^9)^{10})^{11}((\lambda x.x^{12})^{13} z^{14})^{15})^{16}$$
$$\rightarrow_\beta ((\lambda y.y^1)^2((\lambda x.x^{12})^{13} z^{14})^{15})^{16}$$
$$\rightarrow_\beta ((\lambda x.x^{12})^{13} z^{14})^{15}$$
$$\rightarrow_\beta z^{14}$$

Definição 3.5.3 *Seja M um termo λ não etiquetado e A um conjunto de etiquetas. Uma etiquetagem é uma função, I, que mapeia cada subtermo numa etiqueta. Qualificamos uma etiquetagem como* inicial *se associa a subtermos diferentes etiquetas diferentes.*

Dada uma redução Δ, denotamos por Δ* a redução etiquetada equivalente:

$$\Delta^* : \mathcal{I}(M) \to^\Delta \mathcal{J}(N) \text{ para algumas etiquetagens } \mathcal{I} \text{ e } \mathcal{J}$$

onde usámos o símbolo Δ sobre a seta de redução para indicar a expressão redutível que está a ser reduzida.

Definição 3.5.4 *Se $\mathcal{I}(S) = \mathcal{J}(T)$ para $S \in Sub(M)$ e $T \in Sub(N)$ então T é um* descendente *de S. Como já mencionado, o descendente de uma expressão redutível é chamado um* resíduo *e a expressão redutível que contraímos em cada fase não tem resíduos.*

3.6   Formas normais à cabeça

Introduzimos agora uma forma alternativa de forma normal: a *forma normal à cabeça*. As formas normais à cabeça têm um papel importante na teoria e estão muito mais próximas do conceito de "resposta" utilizado em linguagens de programação funcional preguiçosa, como vamos ver.

Começamos com algumas definições:

Definição 3.6.1 *$M \in \Lambda$ é uma* forma normal à cabeça *se M é da forma:*

$$\lambda x_1 \ldots x_n . x M_1 \ldots M_m \qquad n, m \geq 0$$

Neste caso x é chamada a variável à cabeça.
Se $M \equiv \lambda x_1 \ldots x_n . (\lambda x . M_0) M_1 \ldots M_m$ onde $n \geq 0, m \geq 1$ então o subtermo $(\lambda x . M_0) M_1$ é chamado a expressão redutível à cabeça *de M.*

Alguns exemplos de formas normais à cabeça:

- xM

- $\lambda x . x$

- $\lambda xy . x$

- $\lambda xy . x ((\lambda z . z) y)$

- $\lambda y . z$

Se

$$M \to^{\Delta} N$$

e Δ é a expressão redutível à cabeça de M, então escrevemos:

$$M \to_c N$$

e escrevemos $\twoheadrightarrow_c$ para a relação de redução de vários passos.

Definição 3.6.2 *Se A e B são duas expressões redutíveis numa expressão M e a primeira ocorrência de λ em A está à esquerda da primeira ocorrência de λ em B então dizemos que A está* à esquerda *de B. Se A é uma expressão redutível em M e está à esquerda de todas as outras expressões redutíveis, então A é a* expressão redutível mais à esquerda.

Note que a expressão redutível à cabeça de um termo é sempre a mais à esquerda, mas o recíproco pode não se verificar; considere:

$$\lambda xy.x((\lambda z.z)y)$$

este termo é uma forma normal à cabeça (i.e. ele não tem expressão redutível à cabeça!) e portanto a expressão redutível mais à esquerda é a *expressão redutível interior*:

$$(\lambda z.z)y$$

(**Nota**: uma expressão redutível é interior se não é uma expressão redutível à cabeça).

Contrariamente às formas normais, um termo não tem frequentemente uma única forma normal à cabeça. Por exemplo:

$$(\lambda x.x(\mathbf{II}))z \text{ onde } \mathbf{I} \equiv \lambda x.x$$

tem as formas normais à cabeça

- $z(\mathbf{II})$, e

- $z\mathbf{I}$

No entanto, uma vez que todo o termo tem uma só expressão redutível à cabeça, todo o termo que tem uma forma normal à cabeça tem uma *forma normal principal à cabeça* que é atingida reduzindo em cada fase a expressão redutível à cabeça até que a forma normal à cabeça é alcançada. A forma normal principal à cabeça do exemplo é $z(\mathbf{II})$.

As formas normais à cabeça desempenham um papel crucial na teoria da computabilidade baseada no cálculo λ. Tem de existir alguma maneira de codificar funções parciais — funções que são indefinidas para alguns elementos do domínio. Os leitores familiarizados com a semântica denotacional já terão encontrado este problema; em teoria de domínios, as funções parciais são transformadas em funções totais adicionando um elemento indefinido $\perp$ ao contradomínio. No cálculo λ, a solução é usar uma classe de termos para representar o elemento indefinido. A primeira tentativa para resolver este problema consistiu em igualar todos os termos sem forma normal e depois usar algum representante canónico como o elemento indefinido. No entanto isto leva a incoerência porque nem:

$$\lambda x.x\mathbf{K}\Omega \text{ onde } \mathbf{K} \equiv \lambda xy.x \text{ e } \Omega \equiv (\lambda x.xx)(\lambda x.xx)$$

nem:

$$\lambda x.x\mathbf{S}\Omega \text{ onde } \mathbf{S} \equiv \lambda xyz.xz(yz)$$

têm uma forma normal, embora seja fácil mostrar que $\lambda + (\lambda x.x\mathbf{K}\Omega = \lambda x.x\mathbf{S}\Omega)$ é incoerente:

$$
\begin{aligned}
\lambda x.x\mathbf{K}\Omega = \lambda x.x\mathbf{S}\Omega \quad &\Rightarrow \quad (\lambda x.x\mathbf{K}\Omega)\mathbf{K} = (\lambda x.x\mathbf{S}\Omega)\mathbf{K} \\
&\Rightarrow \quad \mathbf{K}\mathbf{K}\Omega = \mathbf{K}\mathbf{S}\Omega \\
&\Rightarrow \quad \mathbf{K} = \mathbf{S}
\end{aligned}
$$

e nós vimos no Capítulo 2 que $\mathbf{K}\#\mathbf{S}$. Em vez disso, igualamos todos os termos que não têm uma forma normal à cabeça (esta é uma subclasse própria da classe dos termos sem forma normal); isto não leva a incoerência, um representante canónico é Ω.

Os sistemas práticos de programação funcional preguiçosa terminam mesmo assim aquém da forma normal à cabeça. A maioria do sistemas preguiçosos avalia os termos até à *forma normal fraca à cabeça*. Uma forma normal fraca à cabeça é um termo da forma:

$$xM_0 \ldots M_n \text{ onde } n \geq 0$$

ou

$$\lambda x.M$$

isto é, os sistemas preguiçosos não avaliam dentro dos λs. Regressaremos a este assunto ulteriormente quando considerarmos o cálculo λ preguiçoso.

3.7 Teorema da normalização

Definição 3.7.1 *Uma sequência de redução:*

$$\sigma : M_0 \to^{\Delta_0} M_1 \to^{\Delta_1} M_2 \to^{\Delta_2} \dots$$

é uma redução normal *se* $\forall i . \forall j < i . \Delta_i$ *não é um resíduo de uma expressão redutível à esquerda de* Δ_j *relativamente à redução dada de* M_j *para* M_i.

Uma descrição alternativa de redução normal é a seguinte: depois da redução de cada expressão redutível R, todos os λs à esquerda de R são marcados indelevelmente; nenhuma expressão redutível cujo primeiro λ está marcado pode ser mais reduzida.

Se existe uma redução normal de algum termo M para algum outro termo N então escrevemos $M \twoheadrightarrow_n N$. Note que qualquer sequência de reduções à cabeça é uma sequência de redução normal.

Tínhamos já definido uma expressão redutível interior como sendo uma expressão redutível que não é uma expressão redutível à cabeça. Escrevemos:

$$M \twoheadrightarrow_i N$$

se existe uma sequência de redução:

$$M \equiv M_0 \to^{\Delta_0} M_1 \to^{\Delta_1} \dots \to^{\Delta_{n-1}} M_n \equiv N$$

tal que cada Δ_i é uma redução interior em M_i. Antes de provarmos o teorema da normalização, temos de estabelecer um resultado que nos permita fatorizar reduções numa sequência de reduções à cabeça seguida de uma sequência de reduções interiores. A prova do seguinte resultado pode ser encontrada no livro de Barendregt.

Proposição 3.7.1 $M \twoheadrightarrow N \Rightarrow \exists Z [M \twoheadrightarrow_c Z \twoheadrightarrow_i N]$

Os detalhes da prova usam alguma teoria extra que está para além do âmbito deste livro; ela é baseada em duas observações:

- Se $M \to_i M' \twoheadrightarrow_c N'$, então existe uma sequência de redução equivalente $M \twoheadrightarrow_c N \twoheadrightarrow_i N'$.

- Qualquer sequência de redução $M \twoheadrightarrow N$ é da forma

$$M \twoheadrightarrow_c M_1 \twoheadrightarrow_i M_2 \twoheadrightarrow_c M_3 \twoheadrightarrow_i \dots \twoheadrightarrow_i N$$

A intuição por detrás da primeira observação é a diferença entre chamada por valor e chamada por nome: uma expressão redutível interior é um argumento, portanto se o pré-avaliamos apenas o precisamos de fazer uma vez, caso contrário ele pode ser duplicado. Uma vez que qualquer redução ou é uma redução à cabeça ou é uma redução interior, a segunda observação é imediata.

Temos então o teorema da normalização:

Teorema 3.7.1 (Teorema da normalização)

$$M \twoheadrightarrow N \Rightarrow M \twoheadrightarrow_n N$$

Prova

Provamos este resultado por indução em $\| N \|$, o número de símbolos em N. Pelo resultado anterior, temos:

$$\exists Z[M \twoheadrightarrow_c Z \twoheadrightarrow_i N]$$

e há dois casos a considerar:

Caso 1
N é uma variável, por exemplo x. Então $Z \equiv x$ e portanto $M \twoheadrightarrow_c N$ e dado que a redução à cabeça é normal, a tese pode ser concluída.

Caso 2
$N \equiv \lambda x_0 \ldots x_n.N_0 N_1 \ldots N_m$ com $n + m > 0$
Então Z tem de ser da forma $\lambda x_0 \ldots x_n.Z_0 \ldots Z_m$ com $Z_i \twoheadrightarrow N_i$ para $0 \leq i \leq m$. Pela HI $Z_i \twoheadrightarrow_n N_i$ e portanto a tese pode ser concluída. ∎

Assim somos capazes de responder à segunda questão colocada na Introdução: uma vez que sabemos pelo corolário ao teorema de Church–Rosser que se M tem uma forma normal N então $M \twoheadrightarrow N$, então pelo teorema da normalização sabemos que uma sequência de redução normal levará à forma normal.

3.8   Conclusão

Neste capítulo estudámos vários aspetos do conceito de redução. Vimos como este conceito se relaciona com a noção habitual de avaliação usada em linguagens funcionais. Os dois resultados chave são o teorema de Church–Rosser para a redução β, que garante a confluência do processo de avaliação, e o teorema da normalização que identifica uma ordem de avaliação canónica para o processo de redução. Também vimos como estender o cálculo com constantes.

Capítulo 4

Lógica combinatória

O cálculo λ foi inventado num período histórico muito ativo para a Lógica Matemática. Inspirados por Hilbert, muitos matemáticos tentavam capturar a noção de efetivamente calculável. No espaço de dez anos, o cálculo λ, a teoria das funções recursivas e as máquinas de Turing foram inventados. Este capítulo descreve um cálculo igualmente importante dessa altura: a lógica combinatória. Para isso, começamos por introduzir a notação e a teoria básica dessa lógica. Embora toda a teoria que desenvolvemos para o cálculo λ possa ser reformulada para a lógica combinatória, apresentamos apenas de modo abreviado os resultados chave. Na segunda secção consideramos, com mais detalhe, a relação entre a lógica combinatória e o cálculo λ. O último tópico deste capítulo, diz respeito à noção de *base*: a identificação de um conjunto de termos (λ) a partir dos quais todos os termos podem ser gerados usando unicamente aplicação.

4.1 Lógica combinatória

Uma das propriedades fundamentais do cálculo λ é a completude combinatória:

Proposição 4.1.1 *Dado um termo λ arbitrário contendo algumas variáveis livres, denotado por $M(\vec{x})$,*[1] *é possível construir um novo termo F tal que:*

$$F\vec{x} = M(\vec{x})$$

---

[1] Esta notação deve ser entendida como indicando que $VL(M)$ é um subconjunto de $\vec{x}$.

Esta propriedade é denominada completude combinatória. *Há um candidato óbvio para F:*

$$\lambda\vec{x}.M$$

No entanto, um resultado mais notável é que um tal F pode ser construído usando os dois combinadores **S** e **K** e a aplicação (i.e. não há necessidade de abstração). A teoria que permite provar este resultado é a *lógica combinatória*.

A lógica combinatória foi inventada por Schönfinkel em 1924 e independentemente por Curry em 1930. A notação que usamos na nossa apresentação da teoria de combinadores foi proposta por Curry. A teoria de combinadores é anterior ao primeiro trabalho em cálculo λ, proposto por Church em 1932. O nosso ênfase no cálculo λ foi motivado pelo facto de que a notação λ é de "mais alto nível" que a notação dos combinadores; os termos combinatórios são semelhantes a programas em linguagem máquina! Esta última observação é comprovada pelo papel dado pela Ciência da Computação a estas duas teorias: o cálculo λ é frequentemente descrito como a linguagem canónica de programação funcional e, embora nenhuma linguagem de alto nível utilize uma notação baseada nos combinadores de lógica combinatória, algumas das primeiras implementações destas linguagens eram baseadas em redução de combinadores. Do ponto de vista de implementação de uma linguagem, um dos atrativos dos termos combinatórios é que não têm variáveis mudas e portanto o papel do contexto (ver Capítulo 8) é mais limitado: isto tem implicações importantes em implementações distribuídas nas quais o acesso ao ambiente pode ser uma limitação significativa.

A classe dos termos combinatórios é definida da seguinte maneira:

Definição 4.1.1 *Os termos LC são palavras sobre o alfabeto:*

$$\begin{array}{ll} x, y, z, \ldots & \textit{variáveis} \\ \mathbf{S}, \mathbf{K} & \textit{constantes} \\ (,) & \textit{parênteses} \end{array}$$

A classe $\mathcal{C}$ dos termos LC é a menor classe tal que:

1. *$x \in \mathcal{C}$, se x é uma variável*

2. *$\mathbf{S} \in \mathcal{C}$*

3. *$\mathbf{K} \in \mathcal{C}$*

4. *se $A, B \in \mathcal{C}$ então $(AB) \in \mathcal{C}$*

$$\mathbf{K}PQ = P$$

$$\mathbf{S}PQR = PR(QR)$$

$$P = P$$

$$\frac{P = Q}{Q = P}$$

$$\frac{P = Q \qquad Q = R}{P = R}$$

$$\frac{P = P'}{PR = P'R}$$

$$\frac{P = P'}{RP = RP'}$$

Figura 4.1: A teoria LC

Exemplos de termos em $\mathcal{C}$:

$$\textbf{(SK)} \qquad \textbf{SKK} \qquad \textbf{S(KS)K}$$

Observe que a adoção da convenção que a aplicação é associativa à esquerda permite omitir alguns parênteses no exemplo acima. Todas as variáveis num termo LC estão livres; assim:

$$P[x := Q]$$

denota a substituição de todas as ocorrências de x em P por Q. P é *fechado* se e só se $VL(P) = \varnothing$; $\mathcal{C}^0 (= \{P \in \mathcal{C} \mid P \text{ fechado}\})$ é o conjunto de termos fechados.
As fórmulas LC são da forma:

$$P = Q \text{ com } P, Q \in \mathcal{C}$$

A teoria é definida pelos axiomas e regras na Figura 4.1

Lema 4.1.1 $LC \vdash \mathbf{SKK}A = A$

Prova
$\mathbf{SKK}A = \mathbf{K}A(\mathbf{K}A) = A$
O resultado decorre da transitividade de $=$.   ∎

Inspirados por este resultado definimos $\mathbf{I} \equiv \mathbf{SKK}$ e portanto $\mathbf{I}$ é o combinador identidade. Observe que esta escolha de definição para $\mathbf{I}$ é um pouco arbitrária uma vez que:

Lema 4.1.2 $\forall M, N \in \mathcal{C}.LC \vdash (\mathbf{S}\mathbf{K}M)N = N$

Prova

$$
\begin{aligned}
\mathbf{SK}MN &= \mathbf{K}N(MN) \\
&= N
\end{aligned}
$$

∎

Exercício 4.1.1
1. Defina $\mathbf{B} \equiv \mathbf{S}(\mathbf{KS})\mathbf{K}$. *Mostre que* $LC \vdash \mathbf{B}MNP = M(NP)$. *[$\mathbf{B}$ é o operador de composição.]*
2. Defina $\mathbf{C} \equiv \mathbf{S}(\mathbf{BS}(\mathbf{BKS}))(\mathbf{KK})$. *Mostre que* $LC \vdash \mathbf{C}MNP = MPN$.

Usando estes novos combinadores podemos enunciar e provar um teorema do ponto fixo para lógica combinatória:

Teorema 4.1.1 (Teorema do ponto fixo)

$$\forall F \in \mathcal{C}.\exists X \in \mathcal{C}.FX = X$$

Prova
Seja $W \equiv \mathbf{B}F(\mathbf{SII})$ e $X \equiv WW$.
Então:

$$
\begin{aligned}
X &\equiv WW \\
&\equiv \mathbf{B}F(\mathbf{SII})W \\
&= F(\mathbf{SII}W) \\
&= F(\mathbf{I}W(\mathbf{I}W)) \\
&= F(WW) \\
&\equiv FX
\end{aligned}
$$

∎

Vimos como a definição do combinador de ponto fixo $\mathbf{Y}$ pode ser derivada a partir da prova do teorema do ponto fixo em λ; o termo LC correspondente é:

$$\mathbf{Y} \equiv \mathbf{S}(\mathbf{CB}(\mathbf{SII}))(\mathbf{CB}(\mathbf{SII}))$$

Exercício 4.1.2 *Verifique que o termo LC* **Y** *é um combinador de ponto fixo, i.e.* **Y**$F = F($**Y**$F)$.

As definições de **B**, **C**, **I** e **Y** parecem funcionar mas porque razão pode o autor (ou outra pessoa!) decidir que elas são as definições apropriadas a usar? Regressaremos a esta questão na próxima secção, onde estudaremos a relação entre o cálculo λ e a lógica combinatória. Para isso, introduzimos um pseudo operador de abstração λ, λ^*:

$$
\begin{aligned}
\lambda^* x.x &\equiv \mathbf{I} \\
\lambda^* x.P &\equiv \mathbf{K}P, \text{ se } x \notin VL(P) \\
\lambda^* x.PQ &\equiv \mathbf{S}(\lambda^* x.P)(\lambda^* x.Q)
\end{aligned}
$$

Em seguida, por abuso de notação, escrevemos $\lambda^* xyz\ldots$ em vez de:

$$
\lambda^* x.(\lambda^* y.(\lambda^* z\ldots .))
$$

É possível mostrar que esta é uma boa definição de abstração; para isso estabelecemos algumas propriedades de λ^*:

Lema 4.1.3

$$
VL(\lambda^* x.P) = VL(P) - \{x\}
$$

Portanto o operador de abstração remove variáveis livres; observe que ele não captura ocorrências de x exatamente da mesma maneira que λ, uma vez que x não irá ocorrer em $\lambda^* x.P$.

Prova
(indução na estrutura de P)

- $P \equiv x$: $VL(\lambda^* x.x) = VL(\mathbf{I}) = \emptyset = VL(x) - \{x\}$
- $x \notin VL(P)$: $VL(\lambda^* x.P) = VL(\mathbf{K}P) = VL(P)$
- $P \equiv MN$:

$$
\begin{aligned}
VL(\lambda^* x.MN) &= VL(\mathbf{S}(\lambda^* x.M)(\lambda^* x.N)) \\
&= (VL(M) - \{x\}) \cup (VL(N) - \{x\}) \\
&= VL(P) - \{x\}
\end{aligned}
$$

∎

Lema 4.1.4

$$
LC \vdash (\lambda^* x.P)x = P
$$

A abstração de uma variável e de seguida a aplicação da abstração à variável é convertível no termo original.

Prova
(indução na estrutura de P)   ∎

Exercício 4.1.3 *Complete esta prova*

Lema 4.1.5

$$LC \vdash (\lambda^*x.P)Q = P[x := Q]$$

Compare com o axioma de redução β de λ.

Prova
(indução na estrutura de P)

- $P \equiv x$: $(\lambda^*x.x)Q \equiv \mathbf{I}Q = Q \equiv P[x := Q]$
- $x \notin VL(P)$: $(\lambda^*x.P)Q \equiv \mathbf{K}PQ = P \equiv P[x := Q]$
- $P \equiv MN$:

$$
\begin{aligned}
(\lambda^*x.MN)Q &\equiv \mathbf{S}(\lambda^*x.M)(\lambda^*x.N)Q \\
&= (\lambda^*x.M)Q((\lambda^*x.N)Q) \\
&= M[x := Q]N[x := Q] \text{ por HI duas vezes} \\
&\equiv P[x := Q]
\end{aligned}
$$

(*Uma prova alternativa deste resultado pode ser encontrada em Barendregt.*)

∎

Lema 4.1.6 *Se x é diferente de y então $(\lambda^*x.P)[y := Q] = \lambda^*x.P[y := Q]$.*

Prova   (indução na estrutura de P)   ∎

Exercício 4.1.4 *Complete esta prova*

A condição de x e y serem diferentes no Lema 4.1.6 é essencial:

$$(\lambda^*xy.x)yQ \neq x[x := y][y := Q]$$

Isto motiva a adoção de uma convenção de variáveis para LC. A convenção é basicamente a mesma do cálculo λ mas, enquanto no cálculo λ temos de trabalhar com classes de equivalência de termos congruentes α, em LC os termos congruentes α são idênticos:

Lema 4.1.7 *Se* $y \notin VL(P)$ *então* $\lambda^*x.P \equiv \lambda^*y.P[x := y]$

Prova
(indução na estrutura de P)

- $P \equiv x$: $\lambda^*x.x \equiv \mathbf{I} \equiv \lambda^*y.x[x := y]$
- $x \notin VL(P)$: $\lambda^*x.P \equiv \mathbf{K}P \equiv \lambda^*y.P \equiv \lambda^*y.P[x := y]$
- $P \equiv MN$:

$$
\begin{aligned}
(\lambda^*x.MN) &\equiv \mathbf{S}(\lambda^*x.M)(\lambda^*x.N) \\
&\equiv \mathbf{S}(\lambda^*y.M[x := y])(\lambda^*y.N[x := y]) \\
&\quad \text{por HI duas vezes} \\
&\equiv \lambda^*y.M[x := y]N[x := y] \\
&\equiv \lambda^*y.(MN)[x := y]
\end{aligned}
$$

■

A teoria LC descreve a igualdade intensional de termos (relembre a discussão deste ponto para λ); de modo a capturar a igualdade extensional adicionamos a seguinte regra (obtendo a teoria LC + **ext**):

$$
\frac{Px = P'x}{P = P'} \quad \text{onde } x \notin VL(PP') \qquad (\mathbf{ext})
$$

A inclusão desta regra enriquece a teoria com um conjunto de novas (e úteis) propriedades:

1. $LC + \mathbf{ext} \vdash \mathbf{K} = \lambda^*xy.x$

2. $LC + \mathbf{ext} \vdash \mathbf{S} = \lambda^*xyz.xz(yz)$

3. $LC + \mathbf{ext}$ é fechada para a regra:

$$
\frac{P = Q}{\lambda^*x.P = \lambda^*x.Q}
$$

(relembre a regra da extensionalidade fraca, ξ, de λ)

Lema 4.1.8
$LC + \mathbf{ext} \vdash \mathbf{K} = \lambda^*xy.x$

Prova

$$
\lambda^*xy.x \equiv \lambda^*x.\mathbf{K}x \equiv \mathbf{S}(\lambda^*x.\mathbf{K})(\lambda^*x.x) \equiv \mathbf{S}(\mathbf{KK})\mathbf{I}
$$

o qual é um termo LC em forma normal, diferente de $\mathbf{K}$; no entanto, com **ext**, a fórmula pode ser derivada, uma vez que:

$$
\begin{aligned}
\mathbf{S(KK)I}xy &= \mathbf{KK}x(\mathbf{I}x)y \\
&= \mathbf{K}(\mathbf{I}x)y \\
&= \mathbf{I}x \\
&= x \\
&= \mathbf{K}xy
\end{aligned}
$$

∎

A segunda propriedade é demonstrada de maneira semelhante.

Exercício 4.1.5   *1. Que termo LC corresponde a $\lambda^*xyz.xz(yz)$?*
2. Verifique que $LC + \mathbf{ext} \vdash \mathbf{S} = \lambda^*xyz.xz(yz)$

Demonstramos agora a terceira propriedade:

Lema 4.1.9 *$LC + \mathbf{ext}$ é fechada para a regra:*

$$
\frac{P = Q}{\lambda^*x.P = \lambda^*x.Q}
$$

Prova
Suponha que $P = Q$. Pelo Lema 4.1.4 acima, $P = (\lambda^*x.P)x$ e $Q = (\lambda^*x.Q)x$.
Logo $(\lambda^*x.P)x = (\lambda^*x.Q)x$ mas, uma vez que $x \notin VL(\lambda^*x.P)$ e $x \notin VL(\lambda^*x.Q)$
pelo Lema 4.1.3, então por **ext**:

$$
\lambda^*x.P = \lambda^*x.Q
$$

∎

Viramo-nos agora para a redução em lógica combinatória. Há duas noções de redução para LC. A noção de redução *fraca*, f, é definida da maneira esperada:

$$
f = \{(\mathbf{K}MN, M) \mid M, N \in \mathcal{C}\} \cup \{(\mathbf{S}MNP, MP(NP)) \mid M, N, P \in \mathcal{C}\}
$$

A outra noção, redução *forte*, tem uma definição bastante complexa e, embora não seja considerada neste texto, observamos que é equivalente à redução $\beta\eta$ no cálculo λ (a qual tem uma definição bastante simples!). A partir de f podemos definir $\to_f$, $\twoheadrightarrow_f$ e $=_f$ como no Capítulo 3. $\twoheadrightarrow_f$ é corretamente chamada redução "fraca" porque não vai "tão longe como" a redução β; por exemplo **SK** é uma forma normal f mas o termo λ correspondente, $(\lambda xyz.xz(yz))(\lambda xy.x)$, não é uma forma normal β. Não obstante, temos resultados para f semelhantes aos de β:

- $M =_f N \Leftrightarrow LC \vdash M = N$

- f é CR

O teorema de Church–Rosser para lógica combinatória é enunciado como se segue:

Teorema 4.1.2 (Church–Rosser)
(i) Se $LC \vdash M = N$ então $\exists Z \in \mathcal{C}.M \twoheadrightarrow_f Z$ e $N \twoheadrightarrow_f Z$
(ii) Se $LC \vdash M = N$ e N é uma forma normal f então $M \twoheadrightarrow_f N$

A definição de grafo de redução fraca de um termo LC M, $G_f(M)$, é análoga à definição de grafo de redução para um termo λ.

4.2   Lógica combinatória e o cálculo λ

Dedicamos agora atenção ao estudo mais aprofundado da relação entre lógica combinatória e o cálculo λ. Começamos por apresentar traduções entre termos LC e termos λ.

Definição 4.2.1
$$_{-\lambda} : \mathcal{C} \to \Lambda$$

$$
\begin{aligned}
x_\lambda &\equiv x \\
\mathbf{K}_\lambda &\equiv \lambda xy.x \\
\mathbf{S}_\lambda &\equiv \lambda xyz.xz(yz) \\
(MN)_\lambda &\equiv M_\lambda N_\lambda
\end{aligned}
$$

$$_{-LC} : \Lambda \to \mathcal{C}$$

$$
\begin{aligned}
x_{LC} &\equiv x \\
(MN)_{LC} &\equiv M_{LC}N_{LC} \\
(\lambda x.M)_{LC} &\equiv \lambda^* x.M_{LC}
\end{aligned}
$$

Tendo em atenção os nossos comentários anteriores sobre o uso de combinadores como código máquina, observe que $_{-LC}$ é um protótipo de compilador para termos λ. A título de exemplo, observe que:

Exemplo 4.2.1

$$
\begin{aligned}
(\lambda xy.xyy)_{LC} &\equiv \lambda^* x.\lambda^* y.xyy \\
&\equiv \lambda^* x.\mathbf{S}(\lambda^* y.xy)(\lambda^* y.y) \\
&\equiv \lambda^* x.\mathbf{S}(\mathbf{S}(\lambda^* y.x)(\lambda^* y.y))\mathbf{I} \\
&\equiv \lambda^* x.\mathbf{S}(\mathbf{S}(\mathbf{K}x)\mathbf{I})\mathbf{I} \\
&\equiv \cdots \\
&\equiv \mathbf{S}(\mathbf{S}(\mathbf{KS})(\mathbf{S}(\mathbf{S}(\mathbf{KS})(\mathbf{S}(\mathbf{KK})\mathbf{I}))(\mathbf{KI})))(\mathbf{KI})
\end{aligned}
$$

Exercício 4.2.1 *Preencha os passos em falta (. . .).*

O compilador não é muito eficiente! O tamanho do código do combinador cresce exponencialmente no número de argumentos do termo original. No entanto, David Turner usou com sucesso uma versão estendida e otimizada de $_{-LC}$ para compilar Miranda;[2] embora o seu compilador seja muito sofisticado, há no entanto uma melhoria significativa só por usar as otimizações baseadas nas seguintes quatro equivalências:

1. $\mathbf{S}(\mathbf{K}M)\mathbf{I} \equiv M$

2. $\mathbf{S}(\mathbf{K}M)(\mathbf{K}N) \equiv \mathbf{K}(MN)$

3. $\mathbf{S}(\mathbf{K}M)N \equiv \mathbf{B}MN$

4. $\mathbf{S}M(\mathbf{K}N) \equiv \mathbf{C}MN$

Uma vez que há sobreposição do lado esquerdo das igualdades sintáticas (por exemplo qualquer termo que emparelhe com o segundo também emparelha com o terceiro e o quarto) é importante que as regras sejam (exaustivamente) aplicadas pela ordem acima. As regras são justificadas porque se substituirmos $\equiv$ por $=$ então cada fórmula daí resultante é um teorema de $LC + \mathbf{ext}$. Por exemplo, observe que:

$$\begin{aligned}
&\mathbf{S}(\mathbf{K}M)\mathbf{I}x \text{ onde } x \text{ é uma variável nova (i.e. } x \notin VL(M)) \\
=\ &(\mathbf{K}M)x(\mathbf{I}x) \\
=\ &M(\mathbf{I}x) \\
=\ &Mx
\end{aligned}$$

e portanto:

$$\mathbf{S}(\mathbf{K}M)\mathbf{I} = M \text{ por } \mathbf{ext}$$

Exercício 4.2.2 *Justifique as outras três regras de modo semelhante.*

Regressamos agora ao Exemplo 4.2.1 e "recompilamos-o" usando as otimizações:

$$\begin{aligned}
\lambda^*x.\mathbf{S}(\mathbf{S}(\mathbf{K}x)\mathbf{I})\mathbf{I} &\equiv \lambda^*x.\mathbf{S}x\mathbf{I} \\
&\equiv \mathbf{S}(\lambda^*x.\mathbf{S}x)(\lambda^*x.\mathbf{I}) \\
&\equiv \mathbf{S}(\mathbf{S}(\lambda^*x.\mathbf{S})(\lambda^*x.x))(\mathbf{KI}) \\
&\equiv \mathbf{S}(\mathbf{S}(\mathbf{KS})\mathbf{I})(\mathbf{KI}) \\
&\equiv \mathbf{SS}(\mathbf{KI}) \\
&\equiv \mathbf{CSI}
\end{aligned}$$

---

[2]Miranda é uma marca comercial da Research Software Ltd. Miranda é uma linguagem de programação funcional muito semelhante, mas anterior, a Haskell.

uma melhoria substancial!

Temos agora uma maneira mais rigorosa de obter as definições de **B**, **C** e **Y** apresentadas anteriormente. Por exemplo para **B** (a menos de alguns passos que o leitor deverá preencher):

$$
\begin{aligned}
(\lambda xyz.x(yz))_{LC} &\equiv \lambda^* xyz.x(yz) \\
&\equiv \lambda^* xy.\mathbf{S}(\mathbf{K}x)(\mathbf{S}(\mathbf{K}y)\mathbf{I}) \\
&\equiv \lambda^* xy.\mathbf{S}(\mathbf{K}x)y \\
&\equiv \lambda^* x.\mathbf{S}(\mathbf{K}(\mathbf{S}(\mathbf{K}x)))\mathbf{I} \\
&\equiv \lambda^* x.\mathbf{S}(\mathbf{K}x) \\
&\equiv \mathbf{S}(\mathbf{KS})(\mathbf{S}(\mathbf{KK})\mathbf{I}) \\
&\equiv \mathbf{S}(\mathbf{KS})\mathbf{K}
\end{aligned}
$$

Exercício 4.2.3
(a) use a tradução não otimizada $_{-LC}$ para traduzir $\lambda xyz.xzy$
(b) repita (a) usando as três primeiras otimizações acima.

Regressamos agora ao relacionamento mais formal entre as duas teorias. Primeiro, temos o seguinte resultado:

Proposição 4.2.1

$$
LC \vdash P = Q \Rightarrow \lambda \vdash P_\lambda = Q_\lambda
$$

Prova
(indução no comprimento da prova de $P = Q$)

- $P \equiv \mathbf{S}ABC$ e $Q \equiv AC(BC)$:

$$
\begin{aligned}
P_\lambda &\equiv \mathbf{S}_\lambda A_\lambda B_\lambda C_\lambda \\
&\equiv (\lambda xyz.xz(yz))A_\lambda B_\lambda C_\lambda \\
&= A_\lambda C_\lambda (B_\lambda C_\lambda) \\
&\equiv Q_\lambda
\end{aligned}
$$

- $P \equiv \mathbf{K}AB$ e $Q \equiv A$: semelhante ao caso anterior.

- $P \equiv Q$: trivial

- $P = Q$ pois $Q = P$: trivial

- $P = Q$ pois $P = R$ e $R = Q$:
  Por HI $P_\lambda = R_\lambda$ e $R_\lambda = Q_\lambda$ e portanto $P_\lambda = Q_\lambda$ pela transitividade da convertibilidade.

- $P \equiv MZ$ e $Q \equiv NZ$ e $P = Q$ pois $M = N$:
  $P_\lambda \equiv M_\lambda Z_\lambda = N_\lambda Z_\lambda$ por HI e pela regra correspondente de $\lambda \equiv Q_\lambda$

- $P \equiv ZM$ e $Q \equiv ZN$ e $P = Q$ pois $M = N$: semelhante ao caso anterior.

■

No entanto o recíproco não é verdade: $\lambda \vdash P = Q$ não implica $LC \vdash P_{LC} = Q_{LC}$. A razão é que a igualdade em LC é equivalente à convertibilidade f; termos em forma normal f são distintos enquanto que os termos λ equivalentes podem ser convertíveis (β). Um exemplo é a fórmula **SK = KI**; esta fórmula é um teorema do cálculo λ mas não da lógica combinatória. Curry mostrou que se se adicionar mais cinco axiomas a LC a teoria resultante é equivalente ao cálculo λ. Os axiomas de Curry são:

- **K = S(S(KS)(S(KK)K))(K(SKK))**

- **S = S(S(KS)(S(K(S(KS)))(S(K(S(KK)))S)))(K(K(SKK)))**

- **S(S(KS)(S(KK)(S(KS)K)))(KK) = S(KK)**

- **S(KS)(S(KK)) = S(KK)(S(S(KS)(S(KK)(SKK)))(K(SKK)))**

- **S(K(S(KS)))(S(KS)(S(KS))) =**
  S(S(KS)(S(KK)(S(KS)(S(K(S(KS)))S))))(KS)

Não tentaremos justificar estes axiomas, mas encorajamos o leitor interessado a consultar o Capítulo 7 do livro de Barendregt.

Por último, observamos que os esquemas de tradução não preservam redução nem formas normais. Por exemplo, sendo $\omega \equiv$ **SII** (o qual é $(\lambda x.xx)_{LC}$) e $P \equiv$ **S(Kω)(Kω)**; então P é uma forma normal f mas P_λ é convertível em $\lambda x.\Omega$ o qual é redutível e nem tem uma forma normal.[3] Como segundo exemplo observe que:

$$\lambda x.\mathbf{II} \rightarrow_\beta \lambda x.\mathbf{I}$$

mas:

$$\mathbf{S(KI)(KI)}$$

não se reduz fracamente a **KI**.

4.3 Bases

Definição 4.3.1 *Suponha que X é um subconjunto de Λ. O conjunto de termos gerado por X, escrito X^+, é o menor conjunto Y tal que:*

---

[3]Existe uma sólida correspondência entre formas normais f e as formas normais fracas à cabeça usadas em avaliação preguiçosa. $\lambda x.\Omega$ é uma forma normal fraca à cabeça.

1. $X \subseteq Y$

2. $M, N \in Y \Rightarrow (MN) \in Y$

Assim X^+ contém X e é fechado para a aplicação.

Definição 4.3.2 *Se A é um conjunto de termos λ, então X (também um conjunto de termos λ) é uma base para A se:*

$$\forall M \in A.\exists N \in X^+.N = M$$

X é chamado uma base se X é uma base para Λ^0.

Proposição 4.3.1 *Os termos λ correspondentes a $\mathbf{K}$ e $\mathbf{S}$ formam uma base.*

Prova
Observamos primeiro que $M_{LC,\lambda} = M$, resultado que será provado no Capítulo 5 (num contexto ligeiramente diferente).

É imediato ver que se P é um termo LC fechado, então $P_\lambda \in \{\mathbf{K}, \mathbf{S}\}^+$.

Então suponha que M é um termo λ fechado. Logo M_{LC} é um termo LC fechado e portanto $M_{LC,\lambda} \in \{\mathbf{K}, \mathbf{S}\}^+$.   ∎

Podemos de facto estabelecer a seguinte asserção mais forte:

$$\forall M \in \Lambda^0.\exists N \in \{\mathbf{K}, \mathbf{S}\}^+.N \twoheadrightarrow M$$

É interessante (embora talvez não muito útil) observar que existe uma base com um só elemento, consistindo do termo λ:

$$X \equiv \lambda z.z\mathbf{KSK}$$

Este conjunto constitui uma base uma vez que:

$$
\begin{aligned}
\mathbf{K} &= XXX \\
\mathbf{S} &= X(XX)
\end{aligned}
$$

Como justificação desta última asserção observamos que:

$$
\begin{aligned}
XXX &= X\mathbf{KSK}X \\
    &= \mathbf{KKSKSK}X \\
    &= \mathbf{KKSK}X \\
    &= \mathbf{KK}X \\
    &= \mathbf{K}
\end{aligned}
$$

Exercício 4.3.1 *Apresente uma justificação semelhante para a asserção relativa a $\mathbf{S}$.*

4.4 Conclusão

Neste capítulo apresentámos a nova teoria LC. A lógica combinatória foi introduzida de modo a ter um papel idêntico ao do cálculo λ. As noções que estudámos nos capítulos anteriores são igualmente aplicáveis a lógica combinatória; uma vez que as estudámos em detalhe para o cálculo λ, apenas as abordámos ao de leve neste capítulo. Investigámos o relacionamento entre as duas teorias; em particular vimos um protótipo de compilador de linguagens funcionais em código combinatório. Vimos que a igualdade em LC é mais fraca do que a convertibilidade β. A noção de redução fraca parece corresponder bem à noção de redução preguiçosa. Concluímos este capítulo introduzindo a noção de base — um conjunto gerador dos termos λ fechados; de modo notável existe uma base com dois elementos, consistindo nos dois termos λ: $\lambda xyz.xz(yz)$ e $\lambda xy.x$ — todos os termos λ fechados podem ser obtidos a partir destes dois termos usando aplicação. Ainda de modo mais notável, todo o termo λ fechado pode ser obtido por autoaplicação do termo:

$$\lambda z.z(\lambda xy.x)(\lambda xyz.xz(yz))(\lambda xy.x)$$

Capítulo 5

Semântica

Fazemos agora uma breve incursão na teoria de modelos do cálculo λ. Começamos por abstrair as propriedades comuns dos modelos. Um estudo detalhado rapidamente nos levaria para o território da teoria de domínios e fora do âmbito do livro. No entanto, para tornar o material mais concreto, consideramos dois tipos de modelos. O primeiro são os modelos de termos. De seguida introduzimos árvores de Böhm e mostramos como pode ser construído um modelo a partir delas.

5.1 Modelos

O intuito de um modelo é dar uma semântica aos termos. O objetivo é identificar cada termo com um elemento de alguma estrutura matemática, normalmente um conjunto ou um conjunto com uma estrutura adicional (e.g. uma ordem parcial completa); a teoria por detrás da estrutura matemática fica então disponível como uma base para raciocinar sobre os termos da linguagem e as suas inter-relações.

No contexto do cálculo proposicional, o modelo "habitual" interpreta fórmulas bem formadas utilizando valores de verdade. Um modelo é um triplo:

$$\mathcal{M} = (\mathcal{V}, \mathbf{não}, \mathbf{ou})$$

onde a primeira componente é um conjunto, e as outras duas são operações no conjunto (**não** é unária, a outra é binária). A intenção é, claro, que essas operações sejam usadas para interpretar os conetivos proposicionais.

O significado das fórmulas bem formadas é dado via uma *interpretação* que mapeia termos em elementos do modelo. Formalmente o tipo de uma interpretação para o cálculo proposicional é dado por:

$$[\![\_]\!]^{\mathcal{M}}\_ : \mathcal{W} \to (Var \to \mathcal{V}) \to \mathcal{V}$$

O segundo parâmetro é um *ambiente* que mapeia variáveis em objetos no modelo.[1] As interpretações são definidas indutivamente de acordo com a estrutura das fórmulas bem formadas; o leitor que já tem familiaridade com a semântica denotacional reconhecerá que as interpretações são precisamente as equações semânticas usadas aí. Para o cálculo proposicional (remetemos o leitor para o Capítulo 2 para a sintaxe do cálculo proposicional), temos:

$$
\begin{array}{rcl}
[\![p]\!]^{\mathcal{M}}\rho & = & \rho(p) \\
[\![\neg A]\!]^{\mathcal{M}}\rho & = & \textbf{não}([\![A]\!]^{\mathcal{M}}\rho) \\
[\![(A \vee B)]\!]^{\mathcal{M}}\rho & = & ([\![A]\!]^{\mathcal{M}}\rho) \textbf{ ou } ([\![B]\!]^{\mathcal{M}}\rho)
\end{array}
$$

Se tomarmos $\mathcal{M}$ como:

$$
\begin{array}{rcl}
\mathcal{V} & = & \{falso,\ verdadeiro\} \\[6pt]
\textbf{não}\ falso & = & verdadeiro \\
\textbf{não}\ verdadeiro & = & falso \\[6pt]
falso\ \textbf{ou}\ falso & = & falso \\
falso\ \textbf{ou}\ verdadeiro & = & verdadeiro \\
verdadeiro\ \textbf{ou}\ falso & = & verdadeiro \\
verdadeiro\ \textbf{ou}\ verdadeiro & = & verdadeiro
\end{array}
$$

a interpretação dá o valor de verdade esperado às fórmulas bem formadas.

Para o cálculo λ sem tipos, somos incapazes de dar um modelo (ingénuo) baseado em conjuntos. O problema é que os termos servem simultaneamente como funções e como argumentos; em particular, um termo pode ser aplicado a si mesmo — recorde Ω (ver Capítulo 3). Em consequência, um modelo do cálculo λ sem tipos exige uma estrutura que seja isomorfa (tenha a mesma estrutura) ao seu próprio espaço de funções, i.e. temos de "resolver" o seguinte:

$$D \cong D \to D$$

Em teoria de conjuntos, as únicas soluções são triviais (D é um conjunto com um só elemento) obtidas a partir da análise da cardinalidade dos conjuntos envolvidos. Para além dos modelos de termos (ver abaixo), não

---

[1]Na literatura sobre programação, os ambientes são chamados listas de associação, valorações, contextos, ... Barendregt usa "valorações" mas nós decidimos manter a coerência com a literatura sobre semântica (denotacional) e usamos "ambientes".

existiram modelos do cálculo λ sem tipos até aos finais da década de 1960. Dana Scott constatou que o isomorfismo poderia ser resolvido impondo uma topologia nos conjuntos e de seguida restringindo o espaço de funções às funções contínuas em relação a essa topologia. Esta contribuição fundamental ficou conhecida como tese de Scott:

Tese de Scott: Todas as funções computáveis são contínuas.

e tem um estatuto na teoria de domínios semelhante à tese de Church–Turing. O trabalho original de Scott usava reticulados completos, o seu primeiro modelo foi chamado D_∞ e ulteriormente ele apresentou o modelo $P\omega$ baseado em grafos. O trabalho ulterior nesta área usou tendencialmente subcategorias de ordens parciais completas.[2]

Uma análise detalhada a um modelo em particular, que não o modelo de termos, afastava-nos do assunto principal do livro; remetemos o leitor interessado para qualquer um dos excelentes livros sobre este assunto na bibliografia. Em vez disso, apresentamos uma caraterização abstrata de um modelo e esboçamos a construção do modelo da árvore de Böhm. Introduzimos duas classes de modelos:

- álgebras λ que satisfazem todas as equações demonstráveis do cálculo λ

- modelos λ que satisfazem todas as equações demonstráveis do cálculo λ e o axioma da extensionalidade fraca:

$$\forall x.(M = N) \Rightarrow \lambda x.M = \lambda x.N$$

5.1.1 Álgebras λ

Iniciamos com uma estrutura muito simples e de seguida vamos sucessivamente refinando-a. No mínimo, necessitamos de um conjunto de objetos e uma operação nesses objetos que será usada para dar uma semântica à aplicação:

Definição 5.1.1 (Estrutura aplicativa)
$\mathcal{M} = (X, \bullet)$ *é uma* estrutura aplicativa *se* $\bullet$ *é uma operação binária em* X *(i.e.* $\bullet : X \times X \to X$*).*
$\mathcal{M}$ *diz-se* extensional *se, adicionalmente, para* $a, b \in X$*, se tem:*

$$(\forall x \in X.a \bullet x = b \bullet x) \Rightarrow a = b$$

---

[2]Uma razão para esta mudança é que frequentemente não existe uma boa interpretação computacional para os elementos Topo que aparecem na abordagem baseada em reticulados completos.

$$
\begin{aligned}
[\![v]\!]_\rho^{\mathcal{M}} &= \rho(v) \\
[\![c_a]\!]_\rho^{\mathcal{M}} &= a \\
[\![(AB)]\!]_\rho^{\mathcal{M}} &= [\![A]\!]_\rho^{\mathcal{M}} [\![B]\!]_\rho^{\mathcal{M}}
\end{aligned}
$$

Figura 5.1: Interpretação, $[\![A]\!]_\rho^{\mathcal{M}}$

Iremos usualmente omitir o $\bullet$ assim:

$$ax \equiv a \bullet x$$

A classe de termos sobre uma estrutura aplicativa $\mathcal{T}(\mathcal{M})$ é uma classe com palavras sobre o alfabeto:

$$
\begin{aligned}
&v_0, v_1, \ldots && \text{variáveis} \\
&c_a, c_b, \ldots && \text{constantes denotando objetos em } X \\
&(,) && \text{parênteses}
\end{aligned}
$$

Definição 5.1.2 (Termos)
$\mathcal{T}(\mathcal{M})$ é a menor classe satisfazendo o seguinte:

1. *$v \in \mathcal{T}(\mathcal{M})$, se v é uma variável*

2. *$c_a \in \mathcal{T}(\mathcal{M})$, $a \in X$*

3. *se $A, B \in \mathcal{T}(\mathcal{M})$ então $(AB) \in \mathcal{T}(\mathcal{M})$*

Antes de conseguirmos dar uma interpretação aos termos em $\mathcal{T}(\mathcal{M})$, precisamos de outra definição. Os termos podem conter variáveis livres e portanto de modo a decidir o que um termo denota, temos de conhecer o "valor" das suas variáveis livres. Nas máquinas abstratas do Capítulo 8 este problema é resolvido através de manter um *ambiente*. De modo equivalente, usamos uma função ambiente:

$$\rho : variáveis \to X$$

Uma interpretação de $A \in \mathcal{T}(\mathcal{M})$ em $\mathcal{M}$ sobre ρ – escrita $[\![A]\!]_\rho^{\mathcal{M}}$ mas por vezes omitindo o ρ e o $\mathcal{M}$ quando forem evidentes a partir do contexto – é definida como apresentado na Figura 5.1
Escrevemos:

$$\mathcal{M}, \rho \models A = B$$

que deve ser lido "$A = B$ é verdade em $\mathcal{M}$ sobre ρ" se:

$$[\![A]\!]_\rho^{\mathcal{M}} = [\![B]\!]_\rho^{\mathcal{M}}$$

(Escrevemos $\mathcal{M} \models A = B$, lido "$A = B$ é verdade em $\mathcal{M}$", se

$$\mathcal{M}, \rho \models A = B \text{ para todo } \rho)$$

E é tudo no tocante à estrutura base; começamos agora a refiná-la. Introduzimos a seguinte definição:

Definição 5.1.3 (Álgebra combinatória)

Uma álgebra combinatória é uma estrutura aplicativa com dois elementos distinguidos:

$$\mathcal{M} = (X, \bullet, k, s)$$

satisfazendo:

$$kxy = x$$

e

$$sxyz = xz(yz)$$

Uma estrutura é não trivial se a sua cardinalidade é maior do que 1; uma álgebra combinatória é não trivial se e só se $k \neq s$ (relembre a análise da coerência no Capítulo 2). Como nota Barendregt, o uso da palavra "álgebra" é ligeiramente enganador uma vez que as álgebras combinatórias não têm muitas propriedades algébricas, em particular:

As álgebras combinatórias não triviais não são comutativas:

Defina $i = skk$, que se comporta como uma identidade, e suponha que a álgebra é comutativa; então $ik(= k) = ki$ e portanto:

$$a = kab = kiab = ib = b$$

para todo a, b - o que contradiz a hipótese da não trivialidade!

As álgebras combinatórias não triviais não são associativas:

Suponha que a álgebra é associativa, então $(ki)i = k(ii)(= ki)$ e:

$$(ki)ia = ia = a \text{ e } kia = i$$

Assim $a = i$ para todo o a — contradição!

As álgebras combinatórias não triviais não são finitas:

Podemos definir uma sequência infinita de objetos distintos:

$$k_1 \quad = \quad k$$
$$\vdots$$
$$k_{n+1} \quad = \quad kk_n$$

Lema 5.1.1 *Para todo $n, 1 \leq m \leq n+1$ k_{n+2} é incompatível com k_m.*

Prova

Base: Suponha que $kk = k$ então $kkiia = kiia$ e portanto $i = a$ para todo o a — contradição!

Passo da indução: Consideramos dois casos:

(i) $m = 1$: Então $k_{l+3} = k$ implica que $k_{l+3}ab = kab$ e portanto $k_{l+1} = a$ para todo o a — contradição!

(ii) $m > 1$: Então $k_{l+3} = k_m$ implica que $k_{l+3}a = k_m a$ e portanto $k_{l+2} = k_{m-1}$. Mas os últimos dois termos são incompatíveis pela HI.

∎

As álgebras combinatórias não triviais não são recursivas:

O problema de determinar se dois objetos na álgebra são iguais é indecidível (este resultado será provado ulteriormente).

Um exemplo simples de uma álgebra combinatória é o modelo de termos da lógica combinatória. Relembre que a relação = definida sobre os termos LC pela teoria LC é uma equivalência e que portanto faz uma partição de $\mathcal{C}$. O modelo de termos para LC, denotado por $\mathcal{T}$, é definido por:

$\mathcal{T} = <\mathcal{C}/_=, \bullet, [\mathbf{S}]_{LC}, [\mathbf{K}]_{LC}>$

onde

$[M]_{LC} = \{N \in \mathcal{C} \mid M = N$ é um teorema de $LC\}$
$\mathcal{C}/_= = \{[M]_{LC} \mid M \in \mathcal{C}\}$
$[M]_{LC} \bullet [N]_{LC} = [MN]_{LC}$

Dado que LC é coerente, em particular $\mathbf{S} = \mathbf{K}$ não é um teorema, e portanto $\mathcal{T}$ é um modelo não trivial.

Exercício 5.1.1 *Prove o seguinte resultado usando indução estrutural.*
Para todos os termos fechados M, para todos os ambientes ρ :
$[\![M]\!]_\rho^\mathcal{T} = [M]_{LC}$

Uma estrutura aplicativa arbitrária é capaz de modelar a aplicação de termos λ mas não temos maneira óbvia de representar termos abstração. Numa álgebra combinatória, é possível simular abstração e portanto as álgebras combinatórias são potenciais modelos do cálculo λ. No entanto, veremos ulteriormente, numa álgebra combinatória arbitrária, algumas das equações que esperávamos que fossem verdadeiras não se verificam; isto irá forçar-nos a refinar a estrutura ainda mais. Mas primeiro, mostramos ao leitor como simular a abstração. Começamos por estender a classe de termos com três constantes diferentes, **K** e **S**, denotando k e s respetivamente, e **I** denotando $s \bullet k \bullet k$. Dados $A \in \mathcal{T}(\mathcal{M})$ e uma variável x, definimos o termo $\lambda^* x.A \in \mathcal{T}(\mathcal{M})$ como no Capítulo 4:

Definição 5.1.4

$$
\begin{aligned}
\lambda^* x.x &\equiv \mathbf{I} \\
\lambda^* x.P &\equiv \mathbf{K}P, \text{ se } P \text{ não contém } x \\
\lambda^* x.PQ &\equiv \mathbf{S}(\lambda^* x.P)(\lambda^* x.Q)
\end{aligned}
$$

Vimos já que λ^* captura as propriedades principais da abstração. Estendemos a classe dos termos λ, Λ, a $\Lambda(\mathcal{M})$ contendo os termos λ construídos a partir das variáveis e constantes em $\mathcal{M}$. Definimos agora dois mapas que estabelecem uma relação entre $\Lambda(\mathcal{M})$ e os termos sobre $\mathcal{M}$; note que eles são semelhantes aos mapas definidos no Capítulo 4 exceto que também lidamos com constantes:

Definição 5.1.5 ($_{-LC}$ e $_{-\lambda}$)
$_{-LC} : \Lambda(\mathcal{M}) \to \mathcal{T}(\mathcal{M})$

$$
\begin{aligned}
x_{LC} &= x \\
c_{LC} &= c \\
(MN)_{LC} &= M_{LC}N_{LC} \\
(\lambda x.M)_{LC} &= \lambda^* x.M_{LC}
\end{aligned}
$$

$_{-\lambda} : \mathcal{T}(\mathcal{M}) \to \Lambda(\mathcal{M})$

$$
\begin{aligned}
x_\lambda &= x \\
c_\lambda &= c \\
\mathbf{I}_\lambda &= \lambda x.x \\
\mathbf{K}_\lambda &= \lambda xy.x \\
\mathbf{S}_\lambda &= \lambda xyz.xz(yz) \\
(AB)_\lambda &= A_\lambda B_\lambda
\end{aligned}
$$

Uma vez que estamos principalmente interessados nos termos λ, por abuso de notação escrevemos M quando devíamos escrever M_{LC} e usamos $\models$ para a igualdade entre termos λ:

$$\mathcal{M}, \rho \models M = N \quad \equiv \quad [\![M_{LC}]\!]_\rho^{\mathcal{M}} = [\![N_{LC}]\!]_\rho^{\mathcal{M}}$$
$$\mathcal{M} \models M = N \quad \equiv \quad [\![M_{LC}]\!]_\rho^{\mathcal{M}} = [\![N_{LC}]\!]_\rho^{\mathcal{M}} \text{ para todo o } \rho$$

Definição 5.1.6 (Álgebra λ)
Uma álgebra combinatória é uma álgebra λ se para todo o $A, B \in \mathcal{T}(\mathcal{M})$:

$$\lambda \vdash A_\lambda = B_\lambda \Rightarrow \mathcal{M} \models A = B$$

Nem todas as álgebras combinatórias são álgebras λ; por exemplo no modelo de termos para lógica combinatória:

$$\mathcal{M} \not\models \mathbf{S}(\mathbf{KI})\mathbf{I} = \mathbf{I}$$

enquanto que:

$$
\begin{aligned}
(\mathbf{S}(\mathbf{KI})\mathbf{I})_\lambda &= (\lambda xyz.xz(yz))((\lambda xy.x)(\lambda x.x))(\lambda x.x) \\
&= (\lambda yz.((\lambda xy.x)(\lambda x.x))z(yz))(\lambda x.x) \\
&= \lambda z.((\lambda xy.x)(\lambda x.x))z((\lambda x.x)z) \\
&= \lambda z.(\lambda y.(\lambda x.x))z((\lambda x.x)z) \\
&= \lambda z.(\lambda x.x)((\lambda x.x)z) \\
&= \lambda z.(\lambda x.x)z \\
&= \lambda x.x \\
&= \mathbf{I}_\lambda
\end{aligned}
$$

Provamos agora um teorema que dá uma caraterização ligeiramente mais útil das álgebras λ:

Teorema 5.1.1 *Seja $\mathcal{M}$ uma álgebra combinatória, então $\mathcal{M}$ é uma álgebra λ se e só se:*
$\forall M, N \in \Lambda(\mathcal{M})$

1. $\lambda \vdash M = N \Rightarrow \mathcal{M} \models M = N$

2. $\mathcal{M} \models \mathbf{K}_{\lambda, LC} = \mathbf{K}$ e $\mathcal{M} \models \mathbf{S}_{\lambda, LC} = \mathbf{S}$

Prova
$(\Rightarrow)$
Primeiro provamos, por indução na estrutura de M, que para todo $M \in \Lambda(\mathcal{M})$:

$$\lambda \vdash M_{LC, \lambda} = M$$

- M é uma variável ou constante, por exemplo x:

$$x_{LC,\lambda} = (x_{LC})_\lambda = x_\lambda = x$$

- M é uma aplicação, (PQ):

$$(PQ)_{LC,\lambda} = P_{LC,\lambda}Q_{LC,\lambda} = PQ_{LC,\lambda} \text{ por HI } = PQ \text{ por HI}$$

- M é uma abstração, $\lambda x.P$:
  É necessária uma indução sobre o corpo da abstração para mostrar que:

$$(\lambda^* x.P_{LC})_\lambda = \lambda x.P_{LC,\lambda}$$

e o resultado decorre da HI exterior. Há 3 casos a considerar:

1. $P \equiv x$

$$\begin{aligned}
(\lambda^* x.x)_\lambda &= \mathbf{S}_\lambda \mathbf{K}_\lambda \mathbf{K}_\lambda \\
&= (\lambda xyz.xz(yz))(\lambda xy.x)(\lambda xy.x) \\
&= (\lambda z.(\lambda xy.x)z((\lambda xy.x)z)) \\
&= \lambda x.x
\end{aligned}$$

2. P não contém x

$$(\mathbf{K}P_{LC})_\lambda = \mathbf{K}_\lambda P_{LC,\lambda} = (\lambda yx.y)P_{LC,\lambda} = \lambda x.P_{LC,\lambda}$$

3. $P \equiv QR$

$$\begin{aligned}
(\mathbf{S}(\lambda^* x.Q_{LC})(\lambda^* x.R_{LC}))_\lambda &= \mathbf{S}_\lambda(\lambda x.Q_{LC,\lambda})(\lambda x.R_{LC,\lambda}) \text{ pela} \\
&\quad \text{HI duas vezes} \\
&= \lambda z.Q_{LC,\lambda}[x := z]R_{LC,\lambda}[x := z] \\
&= \lambda x.Q_{LC,\lambda}R_{LC,\lambda} \\
&= \lambda x.(QR)_{LC,\lambda}
\end{aligned}$$

Regressamos agora à prova principal:

(1)

$$\begin{aligned}
\lambda \vdash M = N &\Rightarrow \lambda \vdash M_{LC,\lambda} = N_{LC,\lambda} \text{ pelo resultado acima} \\
&\Rightarrow \mathcal{M} \models M_{LC} = N_{LC} \text{ uma vez que } \mathcal{M} \text{ é uma álgebra } \lambda \\
&\Rightarrow \mathcal{M} \models M = N \text{ por definição}
\end{aligned}$$

(2) Pelo resultado acima, temos que para todo o $A \in \mathcal{T}(\mathcal{M})$:

$$\lambda \vdash A_{\lambda,LC,\lambda} = A_\lambda$$

e portanto, uma vez que $\mathcal{M}$ é uma álgebra λ:

$$\mathcal{M} \models A_{\lambda, LC} = A$$

($\Leftarrow$)

Começamos por mostrar que:

$$\mathcal{M} \models A_{\lambda, LC} = A$$

para $A \in \mathcal{T}(\mathcal{M})$. Usamos indução sobre a estrutura de A:

- $A \equiv x$ ou $A \equiv c$: trivial
- $A \equiv \mathbf{K}$ ou $A \equiv \mathbf{S}$: vem de (2)
- $A \equiv PQ$: $(PQ)_{\lambda, LC} = P_{\lambda, LC} Q_{\lambda, LC}$ e o resultado pode ser obtido utilizando duas vezes a HI.

Assim:

$$\lambda \vdash A_\lambda = B_\lambda \;\; \Rightarrow \;\; \mathcal{M} \models A_{\lambda, LC} = B_{\lambda, LC} \text{ por (1)}$$
$$\Rightarrow \;\; \mathcal{M} \models A = B \text{ pelo resultado acima}$$

$\blacksquare$

5.1.2 Modelos λ

Chegamos finalmente à classe mais natural de modelos: os modelos λ. Dada uma álgebra combinatória, definimos:

$$\mathbf{1} = s(ki)$$

Uma boa intuição é que $\mathbf{1}$ é um operador de aplicação de função — recebe dois argumentos e aplica o primeiro ao segundo.

Definição 5.1.7 (Modelo λ)
Um modelo λ *é uma álgebra* λ, *M, na qual o seguinte axioma, proposto por Meyer e Scott, se verifica:*

$$\forall a, b, x \in M.(ax = bx) \Rightarrow \mathbf{1}a = \mathbf{1}b$$

Apresentamos abaixo, uma caraterização alternativa dos modelos λ, mas primeiro precisamos de alguns resultados sobre $\mathbf{1}$:

Proposição 5.1.1 *Seja $\mathcal{M}$ uma álgebra combinatória, então no contexto de $\mathcal{M}$:*

1. $\mathbf{1}ab = ab$

   Se, adicionalmente, $\mathcal{M}$ é uma álgebra λ então:

2. $\mathbf{1} = \lambda xy.xy$

3. $\mathbf{1}(\lambda x.A) = \lambda x.A$ *para todo o $A \in \mathcal{T}(\mathcal{M})$*

4. $\mathbf{11} = \mathbf{1}$

Prova
$(1) - (4)$ decorrem por manipulações simples, ilustramos (2):

$$
\begin{aligned}
\mathbf{1}_\lambda &= (\lambda xyz.xz(yz))((\lambda xy.x)(\lambda x.x)) \\
&= (\lambda yz.((\lambda xy.x)(\lambda x.x))z(yz)) \\
&= (\lambda yz.(\lambda y.(\lambda x.x))z(yz)) \\
&= (\lambda yz.(\lambda x.x)(yz)) \\
&= \lambda yz.yz
\end{aligned}
$$

∎

Exercício 5.1.2 *Complete a prova acima.*

Uma álgebra λ é *fracamente extensional* se para $A, B \in \mathcal{T}(\mathcal{M})$:

$$\mathcal{M} \models \forall x.(A = B) \Rightarrow \lambda^* x.A = \lambda^* x.B$$

Fechamos esta secção com um teorema que carateriza os modelos λ em termos das álgebras λ fracamente extensionais:

Teorema 5.1.2 *$\mathcal{M}$ é um modelo $\lambda \Leftrightarrow \mathcal{M}$ é uma álgebra λ fracamente extensional*

Prova
$(\Leftarrow)$
Seja $\mathcal{M}$ uma álgebra λ fracamente extensional, então

$$
\begin{aligned}
\forall x.ax = bx \quad &\Rightarrow \quad \lambda x.ax = \lambda x.bx \\
&\Rightarrow \quad \mathbf{1}a = \mathbf{1}b \text{ por (2) acima}
\end{aligned}
$$

$(\Rightarrow)$
Seja $\mathcal{M}$ um modelo λ, então

$$
\begin{aligned}
\forall x.A = B \quad &\Rightarrow \quad \forall x.(\lambda x.A)x = (\lambda x.B)x \\
&\Rightarrow \quad \mathbf{1}(\lambda x.A) = \mathbf{1}(\lambda x.B) \text{ por definição} \\
&\Rightarrow \quad \lambda x.A = \lambda x.B \text{ por (3)}
\end{aligned}
$$

∎

5.1.3   Modelo de termos

Relembre que introduzimos o modelo de termos para a lógica combinatória anteriormente. A ideia é que a semântica de um termo é dada pela classe de equivalência do termo induzida pela relação de convertibilidade.

Começamos por definir a classe de equivalência de um termo M.

Definição 5.1.8 $[M] \equiv \{N \in \Lambda \mid \lambda \vdash M = N\}$

Como é usual, as classes de equivalência induzem uma partição no conjunto de termos e podemos definir um conjunto quociente:

$$\Lambda/_\lambda \equiv \{[M] \mid M \in \Lambda\}$$

Por último, podemos definir uma operação binária, $\bullet$, sobre classes de equivalência:

$$[M] \bullet [N] \equiv [MN]$$

Temos agora os componentes necessários que nos permitem definir um modelo.

Definição 5.1.9 (Modelo de Termos)
O modelo de termos abertos para o cálculo λ sem tipos é:

$$\mathcal{M}(\lambda) = (\Lambda/_\lambda, \bullet, [\lambda xy.x], [\lambda xyz.xz(yz)])$$

Se o interesse é os termos fechados, podemos considerar o modelo de termos fechados:

$$\mathcal{M}^0(\lambda) = (\Lambda^0/_\lambda, \bullet, [\lambda xy.x]^0, [\lambda xyz.xz(yz)]^0)$$

Temos então os seguintes dois factos, os quais o leitor é convidado a verificar:

Facto 1: $\mathcal{M}^0(\lambda)$ é uma álgebra λ

Facto 2: $\mathcal{M}(\lambda)$ é um modelo λ

5.2   Árvores de Böhm

5.2.1   Árvores de Böhm generalizadas

Nesta secção desenvolvemos um modelo do cálculo λ baseado numa representação em árvore. Temos primeiro de desenvolver uma representação adequada de árvores. Relembre que uma árvore é uma coleção de nós; um dos nós, a *raiz*, é distinguido, cada nó que não seja a raiz tem um único pai, todos os nós são alcançáveis a partir da raiz. Dados estes factos, é claro que qualquer árvore pode ser representada por um conjunto de sequências. Cada sequência no conjunto representa um nó na árvore; a sequência regista o (único) caminho até ao nó, com origem na raiz da árvore. Para o nosso modelo, necessitamos de árvores etiquetadas (cada nó será etiquetado por um símbolo), que são representadas por uma função (parcial) apropriada:

Definição 5.2.1 (Árvores parcialmente etiquetadas por Σ)
Uma árvore parcialmente etiquetada por Σ é um mapa parcial:

$$\varphi : Seq \hookrightarrow \Sigma \times \mathbb{N}$$

tal que:

1. *$\varphi(\sigma)$ está definido e $\tau < \sigma \Rightarrow \varphi(\tau)$ está definido.*

2. *$\varphi(\sigma) = <a, n> \Rightarrow \forall k \geq n.\varphi(\sigma * <k>)$ está indefinido.*

onde Seq é o conjunto de sequências de números que representam caminhos na árvore e $*$ é o operador de concatenação de sequências;[3] Σ é um conjunto de símbolos. A intuição por detrás desta definição é que o par associado por φ a uma sequência, especifica o símbolo associado ao nó no final da sequência e a aridade do símbolo (número de sucessores). O mapa φ é parcial porque o resultado é indefinido se ele é aplicado a uma sequência inválida de números; este caso é tratado pela segunda parte da definição.

Usamos um conjunto particular de símbolos para etiquetar as árvores:

Definição 5.2.2 *Seja Σ_1 o conjunto:*

$$\{\lambda x_1 \ldots x_n.y \mid n \geq 0, x_1, \ldots, x_n, y \text{ variáveis}\}$$

A árvore de Böhm de um termo λ M, $AB(M)$, é definida da seguinte maneira:

Definição 5.2.3 (Árvore de Böhm)
$AB(M)(\sigma)$ está indefinida para todo o σ se M não tem uma forma normal à cabeça.

---

[3]As sequências de números representam, da seguinte maneira, caminhos na árvore:
$<>$ é a sequência de números da raiz,
$<1>$ é o primeiro sucessor da raiz,
$<321>$ é o primeiro sucessor do segundo sucessor do terceiro sucessor da raiz,
. . . .

Se M tem uma forma normal principal à cabeça $\lambda x_1 \ldots x_n.yM_0 \ldots M_{m-1}$, então:

$$AB(M)(<>) = <\lambda x_1 \ldots x_n.y, m>$$

e para todo o σ:

$$\begin{aligned} AB(M)(<k>*\sigma) &= AB(M_k)(\sigma) \text{ se } k < m, \\ &\text{indefinida se } k \geq m \end{aligned}$$

Assim os nós de uma árvore de Böhm registam informação sobre a forma normal principal à cabeça de um termo e os seus derivados. No seguimento usamos $\perp$ para representar a árvore indefinida. A informação que é registada em cada nó é semelhante aos triplos KSL do Capítulo 8.

Exemplo 5.2.1

1. $AB(\mathbf{S}) =$

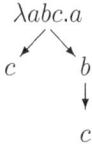

2. $AB(\mathbf{S}a\Omega) =$

Definição 5.2.4

1. *Uma árvore de Böhm generalizada é uma árvore parcialmente etiquetada por Σ_1; $\mathcal{B}$ é o conjunto de todas as árvores de Böhm generalizadas.*

2. *$\Lambda\mathcal{B} = \{A \in \mathcal{B} \mid \exists M \in \Lambda.AB(M) = A\}$.*

3. *$A \in \mathcal{B}$ é livre para $\perp$ se e só se $\forall \alpha \in A.A(\alpha)$ está definida.*

A Definição 5.2.3 determina como uma árvore de Böhm está associada com um termo λ. A última definição introduz um conjunto geral de árvores; concentramo-nos agora na questão de estabelecer um relacionamento entre estas duas noções. Temos que cada árvore de Böhm generalizada finita é a árvore de Böhm de algum termo λ; demonstramos este facto pela seguinte construção:

Definição 5.2.5

Seja $A \in \mathcal{B}$ finito. Definimos um termo λ M_A que tem A como a sua árvore de Böhm; a definição é por indução na profundidade de A:[4]

1. *$A = \perp$: Tome $M_A \equiv \Omega$.*

2. *$A = \lambda \vec{x}.y$: Tome $M_A \equiv \lambda \vec{x}.y$.*

3. *$A =$*

$$
\begin{array}{c}
\lambda \vec{x}.y \\
\diagup \diagdown \\
A_1 \ldots A_n
\end{array}
\quad :
$$

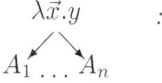

Tome $M_A \equiv \lambda \vec{x}.y M_{A_1} \ldots M_{A_n}$

Dadas árvores de Böhm generalizadas A e B, escrevemos:

$$A \subseteq B$$

se e só se A resulta de B por eliminação de algumas subárvores de B. A partir desta relação podemos definir uma ordenação entre termos λ:

Definição 5.2.6 *Sejam $M, N \in \Lambda$.*

1. *$M \widetilde{\approx} N$ se e só se $AB(M) = AB(N)$*

2. *$M \stackrel{\sqsubset}{\sim} N$ se e só se $AB(M) \subseteq AB(N)$*

É fácil verificar que a ordenação satisfaz o seguinte:

Facto: $M \stackrel{\sqsubset}{\sim} N \Rightarrow C[M] \stackrel{\sqsubset}{\sim} C[N]$

Por último, introduzimos alguma notação para representar árvores que são uniformemente "desbastadas". A árvore A^k é a árvore que resulta de A por corte de todas as subárvores à profundidade k:

Definição 5.2.7

1. *Seja $A \in \mathcal{B}$. Para $k \in \mathbb{N}$, definimos:*

$$
\begin{aligned}
A^k(\alpha) \quad = \quad & A(\alpha) \text{ se comprimento}(\alpha) < k \\
& \text{indefinido, caso contrário}
\end{aligned}
$$

2. *$AB^k(P) = (AB(P))^k$*

3. *$P^{(k)} \equiv M_{AB^k(P)}$*

4. *Para $A, B \in \mathcal{B}$, escrevemos $A =_k B$ se e só se $A^k = B^k$*

---

[4] A profundidade de uma árvore é o comprimento do maior caminho na árvore.

5.2.2   Modelo $\mathcal{B}$

Nesta subsecção, o nosso objetivo é construir um modelo λ baseado em árvores de Böhm generalizadas. O modelo, também designado por $\mathcal{B}$, será tal que:

$$\mathcal{B} \models M = N \Leftrightarrow AB(M) = AB(N)$$

Na construção do modelo iremos utilizar a noção de *limite de uma cadeia crescente* de árvores:

$$A_0 \subseteq A_1 \subseteq A_2 \subseteq \ldots$$

Denotamos o limite por $\bigsqcup A_n$ e definimos-o como se segue:

$$\bigsqcup A_n = \bigcup_n A_n$$

Pode ser provado que toda a árvore de Böhm generalizada é o limite de uma cadeia de árvores finitas (as árvores que resultam de desbastar a árvore a níveis de profundidade cada vez maiores):

$$A = \bigsqcup A^n$$

Esta noção de limite pode ser estendida a termos λ: se tivermos uma sequência crescente de termos $\{M_n\}$, então se A é uma árvore de Böhm generalizada e M é um termo, escrevemos:

$$\bigsqcup M_n = A \text{ se } \bigsqcup AB(M_n) = A$$

e:

$$\bigsqcup M_n = M \text{ se } \bigsqcup AB(M_n) = AB(M)$$

dependendo se estamos interessados na árvore de Böhm generalizada ou num termo como o limite.

Armados com estas noções, podemos definir várias operações úteis sobre árvores de Böhm generalizadas:

Definição 5.2.8 *Sejam $A, B \in \mathcal{B}$. Definimos:*

1. $A \cdot B = AB = \bigsqcup (M_{A^n} M_{B^n})$

2. $\lambda x.A = \bigsqcup (\lambda x.M_{A^n})$

$$\begin{aligned}
[\![x]\!]_\rho &= \rho(x) \\
[\![c_A]\!]_\rho &= A \\
[\![PQ]\!]_\rho &= [\![P]\!]_\rho [\![Q]\!]_\rho \\
[\![\lambda x.P]\!]_\rho &= \lambda x.[\![P]\!]_{\rho[x:=AB(x)]}
\end{aligned}$$

onde:

$$\begin{aligned}
\rho[x := a](y) &= \rho(y), \text{ se } x \not\equiv y \\
&= a, \text{ caso contrário}
\end{aligned}$$

Figura 5.2: O modelo da árvore de Böhm

3. $A(x := B) = \bigsqcup (M_{A^n}[x := M_{B^n}])$

De maneira a que a definição acima esteja bem formada, temos de verificar que as colecções de termos usadas nos lados direitos formam de facto cadeias crescentes (caso contrário o limite não está definido). Vamos verificar esta propriedade para (1):

Lema 5.2.1 *Para todo o $A, B \in \mathcal{B}$, o conjunto $\{M_{A^n} M_{B^n}\}$ é uma cadeia crescente.*

Prova
É imediato que $A^n \subseteq A^{n+1}$. Em consequência $M_{A^n} \stackrel{\sqsubseteq}{\sim} M_{A^{n+1}}$ uma vez que $AB(M_{A^n}) = A^n$. O mesmo acontece para os termos B. Assim usando duas vezes o Facto no final da subsecção anterior:

$$M_{A^n} M_{B^n} \stackrel{\sqsubseteq}{\sim} M_{A^{n+1}} M_{B^n} \stackrel{\sqsubseteq}{\sim} M_{A^{n+1}} M_{B^{n+1}}$$

∎

Exercício 5.2.1 *Mostre que as restantes cadeias existem.*

Estamos agora preparados para definir o modelo. Primeiro descrevemos a forma de uma interpretação; isto envolve uma pequena subtileza no caso das abstracções. Dada uma valoração ρ em $\mathcal{B}$, definimos a interpretação $[\![\text{-}]\!]_\rho : \Lambda(\mathcal{B}) \to \mathcal{B}$ como apresentado na Figura 5.2.
Temos então que:

Facto: $\mathcal{B} = (\mathcal{B}, \cdot)$ é um modelo λ

Exercício 5.2.2 *Verifique este facto.*

Abordagem 1: *Verifique que $\mathcal{B}$ é uma álgebra combinatória que por sua vez é uma álgebra λ fracamente extensional. Isto pode implicar a prova de um número elevado de propriedades subsidiárias das operações que temos introduzido.*

Abordagem 2: *Consultar o Capítulo 18 de Barendregt onde uma abordagem alternativa é descrita.*

Finalmente, podemos verificar a propriedade com que abrimos esta subsecção:

Teorema 5.2.1

$$\mathcal{B} \models M = N \Leftrightarrow AB(M) = AB(N)$$

Prova

$(\Rightarrow)$

$$
\begin{aligned}
\mathcal{B} \models M = N \quad &\Rightarrow \quad \forall \rho.[\![M]\!]_\rho = [\![N]\!]_\rho \\
&\Rightarrow \quad AB(M) = AB(N) \text{ tomando } \rho(y) = AB(y) \text{ para todo o } y
\end{aligned}
$$

$(\Leftarrow)$

$AB(M) = AB(N)$
$\Rightarrow$ para qualquer substituição de variáveis livres, $(\_), AB(M)(\_) = AB(N)(\_)$
$\Rightarrow [\![M]\!]_\rho = [\![N]\!]_\rho$
$\Rightarrow \mathcal{B} \models M = N$ ∎

5.3   Conclusão

Neste capítulo analisámos a semântica dos termos λ. Apresentámos uma descrição abstrata das propriedades que um modelo deve satisfazer e descrevemos um exemplo concreto de um modelo de termos para o cálculo λ. Investigámos a noção de árvores de Böhm e apresentámos a construção de um modelo baseado nelas.

Capítulo 6

Computabilidade

Uma aplicação clássica do cálculo λ é no estudo da computabilidade. Esse é o tópico deste capítulo. Uma vez que a maioria das computações envolve a execução repetitiva de "código", os pontos fixos (para codificar a recursão) desempenham um papel fundamental; começamos por rever o teorema do ponto fixo e (re)introduzir o conceito de combinador de ponto fixo. De seguida, em vez de adicionar regras delta para constantes (ver Capítulo 3), exploramos como se pode lidar com constantes em cálculos puros. Apresentamos várias maneiras de codificar numerais e funções sobre eles. Na terceira secção, introduzimos a noção de *definibilidade* λ - o que nos permite relacionar o cálculo λ com outros formalismos tais como as funções recursivas de Kleene e as máquinas de Turing. Na secção final deste capítulo analisamos a questão da decidibilidade no cálculo λ e apresentamos alguns problemas indecidíveis.

6.1 Pontos fixos

Para o estudo dos aspetos de computabilidade do cálculo λ, iremos utilizar de modo exaustivo a capacidade de construir definições recursivas. Nesta secção reintroduzimos o conceito de *combinador de ponto fixo* e analisamos a variedade de combinadores diferentes.

Começamos por relembrar o teorema do ponto fixo do Capítulo 2:

Teorema 6.1.1 (Teorema do ponto fixo)

$$\forall F.\exists X.X = FX$$

Prova

Seja $W \equiv \lambda x.F(xx)$ e $X \equiv WW$. Então

$$X \equiv (\lambda x.F(xx))W \rightarrow F(WW) \equiv FX$$

∎

A prova inspira-nos a fazer a seguinte definição:

Definição 6.1.1 (Combinador de ponto fixo)

$$\mathbf{Y} \equiv \lambda f.(\lambda x.f(xx))(\lambda x.f(xx))$$

Este é um termo que, quando aplicado a outro termo, é igual ao ponto fixo do termo dado. $\mathbf{Y}$ é por vezes conhecido como o combinador paradoxal de Curry (considere o resultado de aplicar $\mathbf{Y}$ a um termo representando a negação lógica). Em geral, qualquer termo M que satisfaça o seguinte:

$$\forall F.MF = F(MF)$$

é chamado um combinador de ponto fixo; iremos ver em breve que existe um número infinito de combinadores desse género.

No parágrafo anterior usámos a convertibilidade no enunciado do teorema do ponto fixo e na definição de combinador de ponto fixo. Por vezes é preferível ter um combinador de ponto fixo M que satisfaça o seguinte requisito ligeiramente mais forte:

$$\forall F.MF \twoheadrightarrow F(MF)$$

Note que $\mathbf{Y}$ não tem esta propriedade (verifique!) mas o seguinte combinador tem:

$$\Theta \equiv AA \text{ onde } A \equiv \lambda xy.y(xxy)$$

uma vez que:

$$
\begin{aligned}
\Theta F \quad &\equiv \quad (\lambda xy.y(xxy))AF \\
&\rightarrow \quad (\lambda y.y(AAy))F \\
&\rightarrow \quad F(AAF) \\
&\equiv \quad F(\Theta F)
\end{aligned}
$$

A definição geral de combinador de ponto fixo é quantificada universalmente sobre todos os termos. O lema seguinte, atribuído a Böhm e van der Mey, carateriza os combinadores de ponto fixo tendo em conta a sua interação com um só termo:

Lema 6.1.1 (Böhm e van der Mey)
Seja $G \equiv \lambda y f.f(yf) (\equiv \mathbf{SI})$
Então $M \in \Lambda$ é um combinador de ponto fixo $\Leftrightarrow M = GM$

Prova
$(\Leftarrow)$
Se $M = GM$ então:

$$\begin{aligned} \forall F.MF &= GMF \\ &\equiv (\lambda y f.f(yf))MF \\ &= F(MF) \end{aligned}$$

i.e. M é um combinador de ponto fixo

$(\Rightarrow)$
Suponha que M é um combinador de ponto fixo, então:

$$\forall F.MF = F(MF)$$

Mas assim pelo teorema de Church–Rosser existe um termo ao qual ambos MF e $F(MF)$ se reduzem; qualquer tal termo tem de ser da forma $F(\ldots)$ uma vez que F é arbitrário. Para MF ser redutível a um tal termo, M tem de ser uma abstração, por exemplo $\lambda f.N$ para algum N. Mas então:

$$\lambda f.Mf \equiv \lambda f.(\lambda f.N)f = \lambda f.N \equiv M$$

e portanto note que:

$$\begin{aligned} M &= \lambda f.Mf \\ &= \lambda f.f(Mf) \text{ uma vez que } M \text{ é um combinador de ponto fixo} \\ &= GM \end{aligned}$$

∎

Temos agora os meios para provar que existe uma variedade infinita de combinadores de ponto fixo. Considere a sequência de combinadores:

$$\begin{aligned} \mathbf{Y}^0 &\equiv \mathbf{Y} \\ \mathbf{Y}^{n+1} &\equiv \mathbf{Y}^n G \end{aligned}$$

onde G é definido como no lema anterior

É evidente que os elementos desta sequência são todos termos diferentes. Para além deste facto, temos o seguinte resultado.

Lema 6.1.2 *Todos os elementos da sequência $\mathbf{Y}^0, \mathbf{Y}^1, \ldots$ são combinadores de ponto fixo:*

Prova

Por indução sobre n, onde a base é trivial (visto anteriormente).
Assim:

$$
\begin{aligned}
G\mathbf{Y}^{n+1} &\equiv G(\mathbf{Y}^n G) \\
&= \mathbf{Y}^n G \\
&\quad \text{uma vez que } \mathbf{Y}^n \text{ é um combinador de ponto fixo pela HI} \\
&\equiv \mathbf{Y}^{n+1}
\end{aligned}
$$

O resultado pode ser concluído apelando ao lema anterior.   ∎

Note que:

$$\mathbf{Y}^1 \twoheadrightarrow \Theta$$

uma vez que:

$$
\begin{aligned}
\mathbf{Y}^1 &\equiv \mathbf{Y}G \\
&\rightarrow (\lambda x.G(xx))(\lambda x.G(xx)) \\
&\rightarrow (\lambda xf.f(xxf))(\lambda x.G(xx)) \\
&\rightarrow (\lambda xf.f(xxf))(\lambda xf.f(xxf)) \\
&\equiv \Theta
\end{aligned}
$$

Estabelecemos agora um resultado que será implicitamente usado no resto
do capítulo:

Proposição 6.1.1 *Seja $C \equiv C(f, \vec{x})$ um termo (com variáveis livres f e
$\vec{x}$), então:*
(i) $\exists F.\forall \vec{N}.F\vec{N} = C(F, \vec{N})$
(ii) $\exists F.\forall \vec{N}.F\vec{N} \twoheadrightarrow C(F, \vec{N})$

Prova

Em ambos os casos, tome $F \equiv \Theta(\lambda f\vec{x}.C(f, \vec{x}))$. Note que podíamos antes usar
$\mathbf{Y}$ em (i).   ∎

Exemplo 6.1.1 *Suponha por exemplo que:*

$$C \equiv fyxf \equiv C(f, x, y)$$

então (i) garante a existência de um termo F tal que:

$$Fxy = FyxF$$

Tome simplesmente $F \equiv \Theta(\lambda fxy.fyxf)$ então:

$$
\begin{aligned}
Fxy &\equiv \Theta(\lambda fxy.fyxf)xy \\
&= (\lambda fxy.fyxf)(\Theta(\lambda fxy.fyxf))xy \\
&\equiv (\lambda fxy.fyxf)Fxy \\
&= FyxF
\end{aligned}
$$

Exemplo 6.1.2 *Um exemplo mais familiar é:*

$$C \equiv \textbf{se } n = 0 \textbf{ então } 1 \textbf{ cc } n \times f(n-1) \equiv C(f, n)$$

então (i) garante a existência de um termo, F, que se comporta como uma função fatorial,[1] i.e.:

$$Fn = \textbf{se } n = 0 \textbf{ então } 1 \textbf{ cc } n \times F(n-1)$$

logo basta tomar:

$$F \equiv \mathbf{Y}(\lambda fn.\textbf{se } n = 0 \textbf{ então } 1 \textbf{ cc } n \times f(n-1))$$

Por último relembramos a definição do termo Ω:

$$\Omega \equiv \omega\omega \text{ onde } \omega \equiv \lambda x.xx$$

e observamos simplesmente que:[2]

$$\Omega = \mathbf{YI}$$

6.2   Sistemas de numerais

Na próxima secção provamos a equivalência do cálculo λ e da teoria das funções recursivas. Para isso, necessitamos de definir termos λ para codificar numerais, valores lógicos, condicionais e várias outras construções; iremos considerar várias abordagens a este problema nesta secção.

Começamos com os valores lógicos. Definimos verdadeiro e falso pelos termos $\mathbf{V}$ e $\mathbf{F}$:

---

[1]É certo que nos desviámos da sintaxe normal para termos mas pensamos que a mensagem no exemplo é clara.

[2]Os leitores familiarizados com teoria de domínios devem analisar o que é o ponto fixo da função identidade. Ω está a desempenhar o mesmo papel que o $\perp$ (relembre a discussão das formas normais à cabeça no Capítulo 3).

Definição 6.2.1 (Verdadeiro e Falso)

$$\mathbf{V} \equiv \lambda xy.x \equiv \mathbf{K}$$

$$\mathbf{F} \equiv \lambda xy.y \equiv \mathbf{KI}$$

Estas escolhas são motivadas pela definição simples da função condicional que se segue:

$$\mathbf{se} \equiv \lambda pca.pca$$

uma vez que:

$$\mathbf{se}\ \mathbf{V}MN \twoheadrightarrow M$$

e

$$\mathbf{se}\ \mathbf{F}MN \twoheadrightarrow N$$

Existem também representações simples para as operações lógicas usuais, por exemplo **e**:[3]

$$\mathbf{e} \equiv \lambda xy.xy\mathbf{F}$$

Exercício 6.2.1 *Codifique algumas outras operações lógicas usando esta abordagem.*

Também necessitamos de manipular pares de termos ou, mais geralmente, tuplos.

Definição 6.2.2 (Pares)
Definimos a operação de emparelhamento como o operador, $[\_ , \_]$:

$$[M, N] \equiv \lambda z.zMN$$

As funções primeira e segunda projeção de um par são definidas por

$$(\lambda p.p\mathbf{V})$$

e

$$(\lambda p.p\mathbf{F})$$

respetivamente.

---

[3]Esta codificação usa um truque que aparece frequentemente nos geradores de código dos compiladores, que é codificar as operações lógicas como expressões condicionais. Por exemplo **e** x y é equivalente a:

$$\mathbf{se}\ x\ \mathbf{então}\ y\ \mathbf{cc}\ \text{falso}$$

Estas definições são delicadas, pois por exemplo, se $M \equiv [P, Q]$ então:

$$
\begin{aligned}
M\mathbf{V} &\equiv (\lambda z.zPQ)\mathbf{V} \\
&\rightarrow \mathbf{V}PQ \\
&\twoheadrightarrow P
\end{aligned}
$$

Assim, n-tuplos ordenados podem ser definidos usando emparelhamento:

$$
[M] \equiv M
$$

$$
[M_0, \ldots, M_{n+1}] \equiv [M_0, [M_1, \ldots, [M_n, M_{n+1}] \ldots]]
$$

A generalização das funções de projeção são definidas pelos seguintes termos; $\pi_{i,n}$ seleciona o i-ésimo elemento de um tuplo com $n + 1$ elementos, $0 \leq i < n$:

$$
\pi_{i,n} \equiv \lambda x.x\mathbf{F}^{*i}\mathbf{V} \equiv \lambda x.x\mathbf{F} \ldots (\text{i ocorrências de } \mathbf{F}) \ldots \mathbf{F}\mathbf{V}
$$

$$
\pi_{n,n} \equiv \lambda x.x\mathbf{F}^{*n}
$$

A seguinte abordagem alternativa à definição de tuplos é ligeiramente mais direta:

$$
< M_0, \ldots, M_n > \equiv \lambda z.zM_0 \ldots M_n
$$

e assim definimos as funções de projeção como se segue:

$$
P_{i,n} \equiv \lambda x.xU_{i,n}
$$

onde

$$
U_{i,n} \equiv \lambda x_0 \ldots x_n.x_i
$$

Antes de introduzirmos o nosso primeiro sistema numeral, necessitamos de mais um combinador, a composição, que é escrito como um operador infixo:

$$
M \circ N \equiv \lambda x.M(Nx)
$$

que é o combinador $\mathbf{B}$ da lógica combinatória.

Definimos agora os numerais como os termos seguintes:

Definição 6.2.3 (Numerais padrão)

$$\begin{array}{rcl} \ulcorner 0 \urcorner & \equiv & \mathbf{I} \\ \ulcorner n+1 \urcorner & \equiv & [\mathbf{F}, \ulcorner n \urcorner] \end{array}$$

Assim por exemplo:

$$\ulcorner 3 \urcorner \equiv [\mathbf{F}, [\mathbf{F}, [\mathbf{F}, \mathbf{I}]]]$$

Este modo de construir numerais é reminiscente da seguinte construção de tipos:

$$num = Zero \mid Suc\, num$$

no contexto da qual 3 seria representado como:

$$Suc(Suc(Suc\, Zero))$$

Esta última consideração motiva a definição de uma função sucessor $\mathbf{S}^+$:

$$\mathbf{S}^+ \equiv \lambda x.[\mathbf{F}, x]$$

A função predecessor, que decrementa o numeral uma unidade, é simplesmente a função de segunda projeção:

$$\mathbf{P}^- \equiv \lambda x.x\mathbf{F}$$

Note que:

$$\mathbf{P}^-(\ulcorner 0 \urcorner) \equiv \mathbf{P}^-\mathbf{I} \to \mathbf{IF} \to \mathbf{F}$$

Também definimos um predicado unário, **Zero**, que devolve $\mathbf{V}$ se o seu argumento é $\ulcorner 0 \urcorner$ e devolve $\mathbf{F}$ caso contrário:

$$\mathbf{Zero} \equiv \lambda x.x\mathbf{V}$$

uma vez que:

$$\begin{array}{rcl} \mathbf{IV} & = & \mathbf{V} \\ [\mathbf{F}, n]\mathbf{V} & = & \mathbf{F} \end{array}$$

Dada esta codificação, as duas funções e o predicado, podemos definir funções mais sofisticadas tais como a adição:

$$+xy = \mathbf{se}(\mathbf{Zero}\ x)y(+(\mathbf{P}^-x)(\mathbf{S}^+y))$$

(use a Proposição 6.1.1 do final da secção anterior).

Esta codificação para os numerais não é de modo algum a única possibilidade de codificação. Antes de apresentarmos outra codificação introduzimos algumas definições:

Definição 6.2.4 *Um* sistema numeral *é uma sequência:*

$$\mathbf{d} = d_0, d_1, \ldots$$

de termos fechados tais que existem termos λ, S_d^+ *e* $Zero_d$ *com:*

$$\begin{array}{rcl} S_d^+ \, d_n & = & d_{n+1} \\ Zero_d \, d_0 & = & \mathbf{V} \\ Zero_d \, d_{n+1} & = & \mathbf{F} \end{array}$$

para todos os números n, i.e. temos códigos para todos os numerais, a função sucessor e um teste para o zero.

Definição 6.2.5 d *é um sistema numeral* padrão *se cada* d_n *tem uma forma normal.*

Definição 6.2.6 s = $\ulcorner 0 \urcorner, \ulcorner 1 \urcorner, \ldots$ *com a função sucessor* $\mathbf{S}^+$ *é chamado o sistema numeral* padrão.

É imediato ver que os numerais no sistema numeral padrão são todos formas normais diferentes; portanto o sistema numeral padrão é um sistema normal.

d é determinado por d_0 e S_d^+, e portanto por vezes escrevemos:

$$\mathbf{d} = (d_0, S^+)$$

A próxima definição dá uma amostra da próxima secção:

Definição 6.2.7 *Seja* **d** *um sistema numeral, uma função numérica:*

$$\phi : \mathbb{N}^p \to \mathbb{N}$$

é λ *definível em relação a* **d** *se:*

$$\exists F. \forall n_1, \ldots, n_p \in \mathbb{N}. F d_{n_1} \ldots d_{n_p} = d_{\phi(n_1, \ldots, n_p)}$$

Dizemos que **d** *é adequado se e só se todas as funções recursivas são* λ *definíveis em relação a* **d**. *Em alternativa,* **d** *é adequado se e só se é possível definir uma função predecessor para* **d**.

No final da próxima secção mostramos que a definição alternativa de adequação é equivalente à primeira definição.

Uma codificação alternativa dos numerais, proposta por Church:

Definição 6.2.8 (Numerais de Church) $\mathbf{c} = c_0, c_1, \ldots$

$$c_n = \lambda f x . f^n(x)$$

A função sucessor é definida por:

$$S_{\mathbf{c}}^{+} c_n \equiv \lambda abc . b(abc)$$

Exercício 6.2.2 *Verifique que $S_{\mathbf{c}}^{+}$ é uma definição apropriada da função sucessor.*

Podemos definir funções de tradução entre os numerais padrão e os numerais de Church, H e H^{-1}, tais que:

$$H^{\ulcorner}n^{\urcorner} = c_n$$

e

$$H^{-1}c_n = {}^{\ulcorner}n^{\urcorner}$$

Estas funções são definidas da seguinte maneira:

$$
\begin{aligned}
Hx &= \quad \mathbf{se}\ (\mathbf{Zero}\ x)\ c_0\ S_{\mathbf{c}}^{+}(H(\mathbf{P}^{-}x)) \\
H^{-1}c_n &= \quad c_n\ \mathbf{S}^{+}({}^{\ulcorner}0^{\urcorner})
\end{aligned}
$$

Capitalizando nestas definições, podemos introduzir a função teste-se-zero:

$$Zero_{\mathbf{c}} \equiv \mathbf{Zero} \circ H^{-1}$$

O sistema numeral de Church também é adequado, uma vez que podemos definir uma função predecessor:

$$P_{\mathbf{c}}^{-} \equiv H \circ \mathbf{P}^{-} \circ H^{-1}$$

Os numerais de Church são interessantes pois podemos definir algumas das mais poderosas funções aritméticas sem usar recursão.

Exercício 6.2.3 *Dados numerais de Church x e y, o que é $x \circ y$?*

6.3 Definibilidade λ

Podemos especializar a Definição 6.2.7 ao sistema numeral padrão. Neste caso falamos sobre uma função numérica ser λ definível (sem especificar um sistema numeral). Uma vez que os numerais padrão são formas normais, em particular $\ulcorner\phi(n_1,\ldots,n_p)\urcorner$ é uma forma normal, também temos, pelo teorema de Church–Rosser, que:

$$F\ulcorner n_1\urcorner\ldots\ulcorner n_p\urcorner \twoheadrightarrow \ulcorner\phi(n_1,\ldots,n_p)\urcorner$$

A nossa definição assume implicitamente que a função numérica dada é total, i.e. definida em todo o seu domínio. Os resultados podem ser estendidos a funções parciais mas nesta secção iremos considerar sobretudo funções totais; existe uma breve análise para as funções parciais no final da secção. Começamos por definir a classe das funções totais recursivas e de seguida demonstramos que as funções nesta classe são todas λ definíveis.

Definição 6.3.1 (Funções iniciais)
As seguintes funções numéricas são as funções iniciais*:*

$$
\begin{aligned}
U_{i,p}(n_0,\ldots,n_p) &= n_i & 0 \le i \le p \\
S^+(n) &= n+1 \\
Z(n) &= 0
\end{aligned}
$$

i.e. uma família de funções de projeção, uma função sucessor e uma função constantemente zero.

Se $P(n)$ é uma relação numérica, usamos a notação:

$$\mu m[P(m)]$$

para denotar o menor número m para o qual $P(m)$ se verifica; ou para denotar indefinido se não existe um tal m.

Dada uma classe de funções numéricas, A, consideramos os seguintes operadores de fecho na classe:

Definição 6.3.2 *A é* fechada para a composição *se para todo o ϕ tal que:*

$$\phi(\vec{n}) = H(G_1(\vec{n}),\ldots,G_m(\vec{n}))$$

com $H,G_1,\ldots,G_m \in A$, se tem que $\phi \in A$.

A é fechada para a recursão primitiva *se para todo o ϕ tal que:*

$$\begin{aligned}
\phi(0, \vec{n}) &= H(\vec{n}) \\
\phi(k+1, \vec{n}) &= G(\phi(k, \vec{n}), k, \vec{n})
\end{aligned}$$

com $H, G \in A$*, se tem que* $\phi \in A$*.*

A *é* fechada para a minimização *se para todo o* ϕ *tal que:*

$$\phi(\vec{n}) = \mu m[H(\vec{n}, m) = 0]$$

com $H \in A$*, e:*[4]

$$\forall \vec{n}.\exists m.H(\vec{n}, m) = 0$$

se tem que $\phi \in A$*.*

Note que a recursão primitiva é semelhante à primitiva for-loop encontrada em linguagens estilo Algol; ela executa uma iteração para um número pré-determinado de passos. É possível definir a maioria das funções aritméticas básicas usando recursão primitiva, por exemplo:

$$\begin{aligned}
soma(0, y) &= id(y) \\
soma(k+1, y) &= F(soma(k, y), k, y) \\
&\quad \text{onde } F(x, y, z) = S^+(U_{0,2}(x, y, z))
\end{aligned}$$

onde *id* é a função identidade. Em contraste, a minimização corresponde à forma mais geral de iteração representada pelos ciclos `while...do...` e `repeat...until...` em linguagens estilo Algol.

A classe das funções *recursivas* pode agora ser definida formalmente como a menor classe de funções numéricas que contém todas as funções iniciais e é fechada para a composição, recursão primitiva e minimização.

Mostramos agora que as funções iniciais são λ definíveis e que a classe das funções λ definíveis é fechada apropriadamente. Primeiro, seja:

$$\begin{aligned}
U_{i,p} &\equiv \lambda x_0 \ldots x_p.x_i \\
S^+ &\equiv \lambda x.[\mathbf{F}, x] \\
Z &\equiv \lambda x.\ulcorner 0 \urcorner
\end{aligned}$$

Assim, supondo que $H, G_1, \ldots, G_m$ são λ definíveis por $S, T_1, \ldots, T_m$ respetivamente, temos que:

$$\phi(\vec{n}) = H(G_1(\vec{n}), \ldots, G_m(\vec{n}))$$

---

[4]Esta condição assegura que ϕ é total.

é λ definível por:

$$F \equiv \lambda\vec{x}.S(T_1\vec{x})\dots(T_m\vec{x})$$

Se ϕ é definível por:

$$\begin{aligned}
\phi(0, \vec{n}) &= H(\vec{n}) \\
\phi(k+1, \vec{n}) &= G(\phi(k, \vec{n}), k, \vec{n})
\end{aligned}$$

com H e G λ definíveis por S e T respetivamente, então ϕ é λ definível por:

$$F \equiv \mathbf{Y}\lambda f x \vec{y}.(Zero\ x)\ (S\vec{y})\ (T(f(\mathbf{P}^- x)\vec{y})(\mathbf{P}^- x)\vec{y})$$

Com vista a definir a minimização, descrevemos primeiro uma função que, dado um predicado λ definível por P, determina o menor numeral que satisfaz P. Começamos por definir:

$$H_P \equiv \Theta(\lambda h z.(Pz)z(h(S^+z)))$$

que simplesmente itera a partir de um dado numeral, z, até (Pz) ser verdade, caso em que devolve z. A função pretendida, escrita μP, é assim definida por:

$$\mu P \equiv H_P \ulcorner 0 \urcorner$$

Supondo que ϕ é definida por:

$$\phi(\vec{n}) = \mu m[H(\vec{n}, m) = 0]$$

onde H é λ definível por S; temos que ϕ é λ definível por:

$$F \equiv \lambda\vec{x}.\mu[\lambda y.Zero(S\vec{x}y)]$$

Pelos parágrafos anteriores temos que as funções iniciais são λ definíveis e que as três operações de definição de funções podem ser codificadas no cálculo λ. Em consequência podemos concluir que todas as funções recursivas (totais) são λ definíveis. Também temos o seguinte resultado:

Teorema 6.3.1 *Se ϕ é λ definível por F, então $\forall \vec{n}, m \in \mathbb{N}$:*

$$\phi(\vec{n}) = m \Leftrightarrow F\ \ulcorner \vec{n} \urcorner = \ulcorner m \urcorner$$

Prova
($\Rightarrow$) Por definição
($\Leftarrow$)
Suponha que $F \ulcorner \vec{n} \urcorner = \ulcorner m \urcorner$ então $\ulcorner \phi(\vec{n}) \urcorner = \ulcorner m \urcorner$. Uma vez que os numerais são formas normais distintas, vem do teorema de Church–Rosser que $\phi(\vec{n}) = m$.   ∎

Juntando estes dois resultados, temos o seguinte teorema (estabelecido originalmente por Kleene):

Teorema 6.3.2 *As funções numéricas λ definíveis são exatamente as funções recursivas.*

Regressamos agora à questão da adequação de um sistema numeral.

Proposição 6.3.1 d *é adequado $\Leftrightarrow \exists P_d^- . \forall n \in \mathbb{N}. P_d^- \ d_{n+1} = d_n$.*

Prova
($\Rightarrow$) Vem da definição de adequação uma vez que a função predecessor é uma função recursiva.

($\Leftarrow$) Se, para além das funções sucessor e teste-se-zero, **d** for equipado com uma função predecessor, então pode ser mostrado que a classe das funções recursivas é λ definível relativamente a **d** usando os resultados anteriores, substituindo o sistema numeral padrão por **d**.   ∎

Por último, a definição pode ser estendida a funções parciais da seguinte maneira:

Definição 6.3.3 *Uma função parcial numérica, ϕ, com p argumentos é λ definível se para algum $F \in \Lambda$:*
  $\forall \vec{n} \in \mathbb{N}^p.$

$$F \ulcorner \vec{n} \urcorner \ = \ \ulcorner \phi(\vec{n}) \urcorner \text{ se } \phi(\vec{n}) \text{ converge (i.e. está definida)}$$
$$F \ulcorner \vec{n} \urcorner \text{ não tem forma normal à cabeça, caso contrário}$$

onde $\vec{n} \equiv n_1, \ldots, n_p$

Nesta secção caraterizámos a classe das funções que são λ definíveis. Em geral, a ligação entre a definibilidade λ e a teoria das funções recursivas é:

$$\phi \text{ é } \lambda \text{ definível} \Leftrightarrow \phi \text{ é parcial recursiva}$$

Usando um outro resultado da Teoria da Computabilidade:

$$\phi \text{ é parcial recursiva} \Leftrightarrow \phi \text{ é computável à Turing}$$

vemos que se pode afirmar que a definibilidade λ, de acordo com a tese de Church–Turing, captura a noção de *ser efetivamente calculável*.

6.4 Decidibilidade

Um dos teoremas fundamentais da Lógica Matemática é o teorema da incompletude de Gödel; os detalhes do teorema estão fora do âmbito deste livro mas a sua prova usa uma técnica de codificação que descreve uma maneira efetiva de associar um único inteiro, o número de Gödel, a cada sentença numa teoria. Traduzindo este resultado para o cálculo λ, temos que existe um mapa algorítmico injetivo $\# : \Lambda \to \mathbb{N}$ tal que $\#M$ é o número de Gödel de M. Usando esta noção, podemos estabelecer o segundo teorema do ponto fixo:

Teorema 6.4.1 (Segundo teorema do ponto fixo)

$$\forall F.\exists X.F^{\ulcorner}\#X^{\urcorner} = X$$

Prova
Seja:

$$\mathbf{Ap}^{\ulcorner}\#M^{\urcorner}(^{\ulcorner}\#N^{\urcorner}) = {}^{\ulcorner}\#(MN)^{\urcorner}$$
$$\mathbf{Num}^{\ulcorner}\#n^{\urcorner} = {}^{\ulcorner}\#(^{\ulcorner}\#n^{\urcorner})^{\urcorner}$$

Tome $W \equiv \lambda x.F(\mathbf{Ap}\ x(\mathbf{Num}\ x))$ e $X \equiv W^{\ulcorner}\#W^{\urcorner}$; então:

$$
\begin{aligned}
X &\to F(\mathbf{Ap}^{\ulcorner}\#W^{\urcorner}(\mathbf{Num}^{\ulcorner}\#W^{\urcorner})) \\
&= F(\mathbf{Ap}^{\ulcorner}\#W^{\urcorner}(^{\ulcorner}\#^{\ulcorner}\#W^{\urcorner\urcorner})) \\
&= F(^{\ulcorner}\#(W^{\ulcorner}\#W^{\urcorner})^{\urcorner}) \\
&\equiv F^{\ulcorner}\#X^{\urcorner} \text{ como pretendido}
\end{aligned}
$$

■

Note como esta construção mímica a prova do teorema do ponto fixo. A sua importância para nós vem de que nos permite provar o teorema de Scott (o análogo do teorema de Rice — ver o livro de Hopcroft e Ullman) e portanto responde a algumas questões importantes sobre decidibilidade no cálculo λ.

Primeiro, necessitamos de algumas definições; no seguimento assumimos que A e B são subconjuntos de termos λ:

Definição 6.4.1 A é não trivial *se* $A \neq \varnothing$ e $A \neq \Lambda$.

Definição 6.4.2 A é fechado para a igualdade *se:*

$$\forall M, N \in \Lambda[M \in A \wedge M = N \Rightarrow N \in A]$$

Definição 6.4.3 *A e B são* recursivamente separáveis *se e só se existe um conjunto recursivo C tal que:*[5]

$$(A \subseteq C) \wedge (B \cap C = \varnothing)$$

Assim sendo podemos estabelecer o teorema de Scott:

Teorema 6.4.2 (Teorema de Scott)

(i) Sejam A e B subconjuntos de Λ não vazios fechados para a igualdade. Então A e B não são recursivamente separáveis.
(ii) Seja A um subconjunto de Λ não trivial fechado para a igualdade. Então A não é recursivo.

Prova

(i) Sejam $M_0 \in A$, $M_1 \in B$ e C um conjunto recursivo que separa A e B. A função caraterística (i.e. o predicado de pertença) de $\#C$ é recursiva e definida por F.[6] Assim:

$$M \in C \Rightarrow F^{\ulcorner}\#M^{\urcorner} = {}^{\ulcorner}0^{\urcorner}$$
$$M \notin C \Rightarrow F^{\ulcorner}\#M^{\urcorner} = {}^{\ulcorner}1^{\urcorner}$$

Seja:

$$G \equiv \lambda x.(Zero(Fx))M_1 M_0$$

então:

$$M \in C \Rightarrow G^{\ulcorner}\#M^{\urcorner} = M_1$$
$$M \notin C \Rightarrow G^{\ulcorner}\#M^{\urcorner} = M_0$$

mas, pelo segundo teorema do ponto fixo:

$$G^{\ulcorner}\#X^{\urcorner} = X \text{ para algum } X$$

e portanto:

$$X \in C \Rightarrow X = G^{\ulcorner}\#X^{\urcorner} = M_1 \in B \Rightarrow X \notin C$$
$$X \notin C \Rightarrow X = G^{\ulcorner}\#X^{\urcorner} = M_0 \in A \Rightarrow X \in C$$

---

[5] Designamos por "conjunto recursivo" um conjunto cujo predicado de pertença é recursivo; i.e. existe uma máquina de Turing que para qualquer potencial elemento ou termina com uma indicação que o elemento é um membro do conjunto ou termina com a indicação contrária.

[6]Se A é um subconjunto de Λ então:

$$\#A = \{\#M \mid M \in A\}$$

Contradição!

(ii) Se A é um conjunto não trivial fechado para a igualdade, então (i) pode ser aplicada a A e ao seu complemento. Portanto A não pode ser recursivo. ∎

Como consequência do teorema de Scott existem dois teoremas adicionais que podem ser provados. O primeiro diz respeito à indecidibilidade da questão de se um termo arbitrário tem uma forma normal — isto é equivalente, de alguma maneira, ao problema da paragem para máquinas de Turing. O teorema é formalmente enunciado como se segue:

Teorema 6.4.3 $\{M \mid M$ *tem uma forma normal*$\}$ *é um conjunto recursivamente enumerável que não é recursivo.*[7]

Prova
O conjunto é recursivamente enumerável uma vez que:

M tem uma forma normal $\Leftrightarrow \exists N.N$ é uma forma normal e $\lambda \vdash M = N$

i.e. podemos construir um procedimento que testa se M aparece numa sequência de formas normais; se o procedimento termina, M tem uma forma normal mas, uma vez que existe um número infinito de formas normais, o procedimento pode não parar.

Por outro lado M é não trivial ($\lambda x.x \in M$ logo $M \neq \emptyset$ e $\Omega \notin M$ logo $M \neq \Lambda$) e é fechado para a igualdade e portanto não é recursivo pelo item (ii) do teorema de Scott. ∎

O segundo teorema diz respeito à indecidibilidade de λ. Primeiro definimos a noção de *indecidibilidade essencial*:

Definição 6.4.4 *Uma teoria* $\mathcal{T}$ *é essencialmente indecidível se e só se* $\mathcal{T}$ *é coerente e não tem nenhuma extensão recursiva coerente.*

O teorema é então:

Teorema 6.4.4 λ *é essencialmente indecidível*

Prova
Seja $\mathcal{T}$ uma extensão coerente de λ, e $X = \{M \mid \mathcal{T} \vdash M = \mathbf{I}\}$.
X não é vazio pois $\mathcal{T} \vdash \mathbf{I} = \mathbf{I}$!
$X \neq \Lambda$ porque $\mathcal{T}$ é coerente.
X é fechado para a igualdade como se pode ver imediatamente.
Assim, pelo item (ii) do teorema de Scott, X não é recursivo e portanto $\mathcal{T}$ não é recursiva. ∎

---

[7]Um conjunto é *recursivamente enumerável* se podemos construir uma máquina de Turing que, dado um potencial elemento, termina com a resposta SIM se o elemento está no conjunto mas pode não terminar caso contrário.

6.5   Conclusão

Neste capítulo revisitámos o conceito de combinador de ponto fixo e vimos que existe uma variedade infinita de tais combinadores. Utilizámos a existência de tais combinadores na construção de codificações para numerais e funções numéricas, levando ao conceito importante de definibilidade λ. Baseados nestes resultados, fomos capazes de mostrar a equivalência das funções λ definíveis com as funções recursivas (e indiretamente com as funções computáveis à Turing). Concluímos com o teorema de Scott e dois resultados importantes de decidibilidade para o cálculo λ.

Capítulo 7

Tipos

O cálculo λ sem tipos foi apresentado como uma linguagem de programação funcional prototípica. Embora seja verdade que muitos dos assuntos estudados têm relevância direta para a prática da programação, a teoria falha na ligação à prática num conjunto de pontos importantes. A maioria das linguagens de programação funcional modernas têm tipos. Em consequência, não podemos mais construir certos termos que tinham um papel chave na teoria estudada. Neste capítulo apresentamos três cálculos com tipos. Primeiro consideramos o cálculo λ simplesmente tipificado; este cálculo é obtido do cálculo λ sem tipos de uma maneira bastante direta mas tem um caráter bastante diferente em resultado dos tipos. Por exemplo a redução β no cálculo λ com tipos é fortemente normalizadora.

A maioria das linguagens funcionais modernas têm tipos mas permitem a definição de funções polimórficas. Introduzimos o cálculo λ de segunda ordem polimórfico. Ele proporciona uma abordagem teórica a um sistema de tipos ligeiramente mais poderoso que o encontrado usualmente em linguagens funcionais. O sistema de tipos de Hindley–Milner, que é a base dos sistemas de tipos usados em linguagens funcionais é analisado no Capítulo 8.

Por último, apresentamos a noção de interseção de tipos que foi originalmente introduzida por Barendregt, Coppo e Dezani com o objetivo de construir um modelo λ. De um ponto de vista prático, a interseção de tipos pode ser usada para estudar a *sobrecarga*. Mais recentemente, desempenhou um papel relevante na análise de programas, por exemplo na análise de se uma função de uma linguagem de programação funcional não estrita é estrita em alguns dos seus argumentos.

7.1   Cálculo λ com tipos

Iniciamos o nosso estudo de cálculos com tipos com o cálculo λ simplesmente tipificado; este cálculo tem uma disciplina de tipificação forte semelhante à adotada em muitas linguagens com tipos, quer imperativas quer orientadas a objetos — cada termo (monomórfico) tem um único tipo associado. O cálculo λ simplesmente tipificado é mais simples do que o cálculo λ sem tipos, de muitos pontos de vista; por exemplo a autoaplicação, que tem estado na raiz de muitos dos problemas que temos enfrentado, não é permitida e assim todos os termos são fortemente normalizáveis e não existem combinadores de ponto fixo. Mais uma vez, ao propor um novo cálculo, devíamos abordar todos os pontos que analisámos para o cálculo λ (redução, modelos, computabilidade, etc...) mas em vez disso iremos só apresentar as linhas gerais desses pontos.

Há duas abordagens que podem ser seguidas ao definir um cálculo com tipos. A primeira, com origem em Curry, é chamada tipificação *implícita*; os termos são os mesmos do cálculo sem tipos mas cada termo tem um conjunto de tipos possíveis atribuídos. A segunda abordagem, com origem em Church, é chamada tipificação *explícita*; os termos são anotados com informação sobre tipos que determina de modo único um tipo para o termo. No seguimento, seguiremos a abordagem de Church.

Uma vez que os termos terão tipos associados, começamos por definir a sintaxe dos tipos:

Definição 7.1.1 (Tipos)
O conjunto dos tipos, Tip, é o menor conjunto tal que:

1. $0 \in Tip$

2. *se $\sigma, \tau \in Tip$ então $(\sigma \to \tau) \in Tip$*

O tipo 0 é um tipo *atómico*. Note que só temos um único tipo atómico; ulteriormente veremos que ele toma o papel de uma variável tipo. Numa linguagem mais real, devíamos diferenciar constantes tipo de variáveis tipo; por exemplo no contexto de uma linguagem de programação, as constantes tipo são os tipos "pré-definidos" tais como inteiros, valores lógicos e caracteres. No entanto, uma vez que estamos a considerar um cálculo puro é suficiente a restrição a um único tipo atómico. Tipos da forma $(\sigma \to \tau)$ correspondem a um tipo função; uma função com este tipo recebe argumentos do tipo σ e devolve um resultado do tipo τ. Exemplos de tipos:

$$0 \qquad (0 \to 0) \qquad ((0 \to 0) \to (0 \to 0))$$

Se adotarmos a convenção que $\to$ associa à direita,[1] podemos omitir a maioria dos parênteses:

$$0 \qquad 0 \to 0 \qquad (0 \to 0) \to 0 \to 0$$

Os termos no cálculo λ com tipos são palavras sobre o alfabeto:

$v_0^\sigma, v_1^\sigma, \ldots$ variáveis, um conjunto diferente para cada $\sigma \in Tip$
λ
$(,)$ parênteses

A classe dos termos λ com tipos é designada por Λ^τ; quando pretendermos falar sobre a classe dos termos com um tipo σ específico, escrevemos Λ_σ.

Definição 7.1.2 (Termos com tipos)
A classe Λ^τ é a classe:

$$\bigcup \{\Lambda_\upsilon \mid \sigma \in Tip\}$$

e Λ_σ é tal que:

1. $v_i^\sigma \in \Lambda_\sigma$

2. $M \in \Lambda_{\sigma \to \tau}, N \in \Lambda_\sigma \Rightarrow (MN) \in \Lambda_\tau$

3. $M \in \Lambda_\tau, x \in \Lambda_\sigma \Rightarrow (\lambda x.M) \in \Lambda_{\sigma \to \tau}$

As variáveis livres/mudas, os termos fechados e a substituição são definidas da maneira óbvia (por analogia com o cálculo sem tipos). Tem de se ter cuidado em respeitar os tipos; por exemplo:

$$VL(\lambda v^0.v^{0 \to 0}) = \{v^{0 \to 0}\}$$

As teorias λ^τ e $\lambda\eta^\tau$ são definidas de maneira semelhante às teorias correspondentes sem tipos mas os tipos dos termos têm de fazer sentido,[2] por exemplo:

$$(\lambda x^\sigma.M)N = M[x^\sigma := N] \text{ se } N \in \Lambda_\sigma$$

e as fórmulas são da forma:

$$M = N \text{ com } M, N \in \Lambda_\sigma \text{ para um tipo arbitrário } \sigma$$

---

[1] Uma breve reflexão deverá convencer o leitor que esta convenção é coerente com a associatividade à esquerda da aplicação.
[2] No futuro escreveremos $\lambda(\eta)^\tau$ para representar uma qualquer destas teorias.

Podíamos igualmente abordar o estudo da lógica combinatória com tipos; para isso necessitaríamos de introduzir uma classe de combinadores em vez de cada um dos combinadores sem tipos $\mathbf{S}$ e $\mathbf{K}$:

$$\mathbf{K}_{\sigma\tau} \in \mathcal{C}_{\sigma\to\tau\to\sigma}$$
$$\mathbf{S}_{\sigma\tau\rho} \in \mathcal{C}_{(\sigma\to\tau\to\rho)\to((\sigma\to\tau)\to\sigma\to\rho)}$$

Vale a pena analisar como o tipo de $\mathbf{S}_{\sigma\tau\rho}$ se justifica:

- Relembre que $\mathbf{S}ABC = AC(BC)$

- Suponha que o tipo de $\mathbf{S}ABC$ é ρ

- Então $AC(BC) \in \mathcal{C}_\rho$

- Suponha que $C \in \mathcal{C}_\sigma$ e $(BC) \in \mathcal{C}_\tau$

- Então $A \in \mathcal{C}_{\sigma\to\tau\to\rho}$ e $B \in \mathcal{C}_{\sigma\to\tau}$ o que dá o tipo de $\mathbf{S}_{\sigma\tau\rho}$

As noções de redução no cálculo λ com tipos são as análogas óbvias das noções introduzidas no caso sem tipos:

$$\beta = \{(((\lambda x^\sigma.M)N), M[x^\sigma := N]) \mid M \in \Lambda_\tau, N \in \Lambda_\sigma, \sigma, \tau \in Tip\}$$

$$\eta = \{((\lambda x^\sigma.Mx^\sigma), M) \mid M \in \Lambda_{\sigma\to\tau}, \sigma, \tau \in Tip, x^\sigma \notin (VL\ M)\}$$

Analogamente ao caso sem tipos temos que $\beta(\eta)$ é CR.

Normalização forte

Uma diferença fundamental entre o cálculo sem tipos e o cálculo com tipos é que, neste último, $\beta(\eta)$ é fortemente normalizadora. Nesta subsecção apresentamos uma prova deste resultado; a prova foi descoberta por Tait em 1967 e a nossa apresentação é baseada na de Hindley e Seldin.

Começamos com uma definição:

Definição 7.1.3 (Fortemente Computável — FC)

1. $\forall M \in \Lambda_0[FC(M) \Leftrightarrow FN(M)]$

2. $\forall M \in \Lambda_{\sigma\to\tau}[FC(M) \Leftrightarrow \forall N \in \Lambda_\sigma[FC(N)\ implica\ FC(MN)]]$

A prova do resultado de normalização forte é dividida em dois passos, consistindo o primeiro em mostrar que todo o termo fortemente computável é também fortemente normalizável e consistindo o segundo em mostrar que todo o termo com tipos é fortemente computável. Começamos com algumas observações:

- Todo o tipo σ pode ser escrito de uma única maneira na forma:

$$\sigma_1 \to \ldots \to \sigma_n \to 0$$

- Se $M \in \Lambda_\sigma$ é fortemente normalizável então também o é todo o subtermo de M.

A primeira observação decorre da definição de tipos, a segunda pode ser concluída pois se um subtermo de M não é fortemente normalizável então a mesma redução infinita é possível para o termo todo.

Começamos por mostrar que todo o termo fortemente computável é fortemente normalizável. A prova usa uma nova forma de indução: indução sobre a estrutura dos tipos.

Lema 7.1.1 *Seja σ um tipo arbitrário:*

1. *Todo o termo $(vM_1 \ldots M_n) \in \Lambda_\sigma$, onde $M_1, \ldots, M_n$ são fortemente normalizáveis, é fortemente computável.*

2. *Todo o termo fortemente computável de tipo σ é fortemente normalizável.*

Prova

- $\sigma \equiv 0$: ambas as propriedades vêm das definições.

- $\sigma \equiv \alpha \to \beta$:

  (1) Seja $N \in \Lambda_\alpha$ tal que $FC(N)$. Pela HI(2), $FN(N)$. Então pela HI(1), $FC(vM_1 \ldots M_n N)$ e assim $FC(vM_1 \ldots M_n)$ por definição.

  (2) Seja $N \in \Lambda_\sigma$ tal que $FC(N)$ e suponha que v^α não ocorre em N. Pela HI(1), $FC(v^\alpha)$ (considere $n = 0$). Portanto $FC(Nv)$ e pela HI(2) $FN(Nv)$; mas então, pela nossa segunda observação, temos que $FN(N)$.

  ∎

Para mostrar que todos os termos são fortemente computáveis, necessitamos de um resultado intermédio estabelecendo que se o contractum de uma expressão redutível e todos os termos apagados pela expressão redutível são fortemente computáveis então a expressão redutível também o é.

Lema 7.1.2 *Se $FC(M[x^\alpha := N])$ então, desde que $FC(N)$ se x^α não aparece livre em M, $FC((\lambda x^\alpha.M)N)$.*

Prova

Suponha que $M \in \Lambda_\tau$ e sejam $\tau = \tau_1 \to \ldots \to \tau_n \to 0$ e $M_i \in \Lambda_{\tau_i}$ tais que $FC(M_i)$ para $1 \leq i \leq n$. Logo

$$FN(M[x := N]M_1 \ldots M_n)$$

mas então temos que

$$FN((\lambda x.M)NM_1 \ldots M_n)$$

uma vez que qualquer redução infinita a partir deste último termo pode ser também "alcançada" a partir do primeiro. Assim

$$FC((\lambda x.M)NM_1 \ldots M_n)$$

e $FC((\lambda x.M)N)$.   ∎

Provamos agora que todo o termo é fortemente computável; uma vez que mostrámos que todos os termos fortemente computáveis são fortemente normalizáveis podemos concluir a tese. Como é frequentemente o caso é mais fácil mostrar um resultado ligeiramente mais forte.

Teorema 7.1.1 *Para todo o termo $M \in \Lambda_\sigma$, e para todo $x_1^{\alpha_1}, \ldots, x_n^{\alpha_n}$ e N_i tais que $FC(N_i)$ $(1 \leq i \leq n)$, o termo $M^* \equiv M[x_1 := N_1] \ldots [x_n := N_n]$ é fortemente computável.*

Prova

(indução na estrutura de M)

- $M \equiv x_i$: trivial.
- M é uma variável diferente dos x_i: a prova vem do Lema 7.1.1.
- $M \equiv PQ$: então $M^* \equiv P^*Q^*$ e pela HI $FC(P^*)$ e $FC(Q^*)$. Assim $FC(M^*)$ vem da definição.
- $M \equiv \lambda x^\gamma.P$ e $\sigma \equiv (\gamma \to \delta)$: então $M^* \equiv \lambda x.P^*$. Suponha que $N \in \Lambda_\gamma$ e $FC(N)$, então $M^*N \to P^*[x := N]$. Assim $FC(P^*[x := N])$ vem da HI e portanto, pelo Lema 7.1.2, $FC(M^*N)$. $FC(M^*)$ decorre da definição.

                                                                                      ∎

Se escolhermos cada N_i de modo a ser x_i (que é fortemente computável pelo Lema 7.1.1), temos que todo o termo é fortemente computável.

Exercício 7.1.1 *Mostre que $\beta\eta$ é fracamente CR em $\lambda\eta^\tau$ e portanto deduza que $\beta\eta$ é CR.*

Em consequência do resultado de normalização forte, todos os termos com tipos têm formas normais; mais ainda, a igualdade demonstrável em $\lambda(\eta)^\tau$ é decidível:

Proposição 7.1.1 *$\lambda(\eta)^\tau \vdash M = N$ implica que M e N têm as mesmas formas normais $\beta(\eta)$.*
As formas normais podem ser encontradas efetivamente devido à normalização forte.

Deve ser óbvio que a muitos termos sem tipo pode ser atribuído um tipo (ou muitos tipos!). Por exemplo:

$$\lambda x.x$$

pode ser tipificado da seguinte maneira:

$$\lambda x^\sigma.x^\sigma \in \Lambda_{\sigma\to\sigma} \text{ para todo o } \sigma \in Tip$$

isto é: "$\sigma \to \sigma$ é um tipo possível para $\lambda x.x \in \Lambda$". No entanto existem muitos termos a que não pode ser atribuído um tipo; dados os nossos comentários anteriores e a estrutura dos termos com tipos, deve ser claro que qualquer termo envolvendo autoaplicação cai nesta categoria, por exemplo:

- De maneira a atribuir um tipo a $\lambda x.xx$, temos de atribuir um tipo a xx.

- De maneira a atribuir um tipo a xx, x tem de ter o tipo $\alpha \to \beta$ $\underline{\text{e}}$ o tipo α.

Suponha que $M \in \Lambda_\sigma$, escrevemos $\mid M \mid$ ($\in \Lambda$) para nos referirmos ao termo obtido a partir de M removendo todos os símbolos de tipo; obviamente, $\mid M \mid$ admite um tipo, por exemplo σ. Se σ é um tipo então σ^* é uma instância de σ se se obtém de σ substituindo alguns dos 0's em σ por algum outro tipo:

Exemplo 7.1.1 *Algumas instâncias de 0:*

$$0 \to 0, \qquad 0 \to 0 \to 0, \qquad ((0 \to 0 \to 0) \to (0 \to 0) \to 0 \to 0)$$

Algumas instâncias de $0 \to 0$:

$$(0 \to 0) \to 0 \to 0, \qquad (0 \to 0 \to 0) \to 0 \to 0 \to 0$$

Exercício 7.1.2 *Apresente alguns termos com os tipos acima.*

Dois resultados importantes respeitantes a estes assuntos foram originalmente descobertos por Roger Hindley; enunciamos-os sem os provar:

Proposição 7.1.2

1. *O conjuntos dos termos λ tipificáveis é recursivo; i.e. existe um algoritmo que decide se um dado termo admite ou não um tipo.*

2. *Se $M \in \Lambda$ admite um tipo então existe um único $\sigma \in Tip$ tal que todo o tipo possível para M é uma instância de σ; σ é chamado o esquema de tipos principal para M.*

Regressaremos a este assunto no próximo capítulo.

Uma vez que não podemos ter combinadores de ponto fixo no cálculo λ com tipos, o leitor pode questionar qual o impacto deste facto em termos de computabilidade. Podemos definir a noção de definibilidade λ^τ de modo análogo a definibilidade λ mas isso levanta alguns problemas. O primeiro problema é que não podemos usar numerais padrão:

$$
\begin{aligned}
\ulcorner 0 \urcorner &\equiv \mathbf{I} \\
\ulcorner n+1 \urcorner &\equiv [\mathbf{F}, \ulcorner n \urcorner]
\end{aligned}
$$

uma vez que todos os numerais têm um tipo diferente, por exemplo:

$$
\begin{aligned}
\ulcorner 0 \urcorner \equiv \mathbf{I} &\qquad \text{tem tipo} \quad 0 \to 0 \\
\ulcorner 1 \urcorner \equiv \lambda z.z\mathbf{F}\mathbf{I} &\qquad \text{tem tipo} \quad ((0 \to 0 \to 0) \to (0 \to 0) \to 0) \to 0
\end{aligned}
$$

Como consequência, a função sucessor (por exemplo) não admite um tipo! No entanto, os numerais de Church têm todos o mesmo tipo:

$$
c_n \equiv \lambda f x.f^n x
$$

$$
c_n \in \Lambda_{(0 \to 0) \to 0 \to 0}
$$

Definição 7.1.4 *Os* polinómios estendidos *são a menor classe de funções numéricas contendo:*

1. *As projeções: $U_{i,n}$*

2. *As funções constantes*

3. *A função sn : sn $0 = 0$, sn $(n+1) = 1$*

e que é fechada para a soma e a multiplicação.

Temos que é exatamente esta a classe de funções que é λ^τ definível sobre os numerais de Church; o leitor interessado é remetido para a literatura para a consulta da prova. Usando funções constantes, a soma e a multiplicação, é possível construir funções que têm como corpo expressões polinomiais. A qualificação "estendidos" é usada na definição para indicar que podemos codificar funções condicionais recorrendo à função *sn* (com multiplicação).

Fechamos esta secção analisando três utilizações do cálculo λ com tipos, sendo as últimas duas de maior relevância para a Ciência da Computação. Descrevemos por alto as aplicações e, mais uma vez, encorajamos o leitor interessado a consultar a literatura.

Coerência da aritmética

A primeira aplicação que identificamos consiste na prova da coerência da aritmética. A prova foi proposta por Gödel; ele trabalhou com uma teoria estendida, $\Im$, contendo as constantes:

$$
\begin{array}{rcl}
0 & \in & \Lambda\Im_0 \\
S^+ & \in & \Lambda\Im_{0\to 0} \\
R_\sigma & \in & \Lambda\Im_{\sigma\to(\sigma\to 0\to\sigma)\to 0\to\sigma}
\end{array}
$$

A última "constante" representa uma classe de operadores tipificados de recursão, axiomatizada da seguinte maneira:

$$
\begin{array}{rcl}
R_\sigma MN0 & = & M \\
R_\sigma MN(S^+x) & = & N(R_\sigma MNx)x
\end{array}
$$

Há noções apropriadas de redução $\beta\Im$ e $\beta\eta\Im$ em $\Lambda\Im$ que se mostrou serem CR. Note que os operadores de recursão codificam efetivamente a recursão primitiva e em consequência o leitor não deve ficar surpreendido que a redução $\beta\eta\Im$ seja fortemente normalizadora.

Têm existido várias extensões à teoria $\Im$ de Gödel. Por exemplo, Spector provou a coerência da análise estendendo $\Im$ com um novo operador de recursão chamado *recursão bar*.

Lógica das funções computáveis

A expressão *lógica das funções computáveis* teve origem em Scott. O sistema *LFC*, desenvolvido por Milner, Gordon e Wadsworth, é um sistema semiautomático de demonstração de teoremas que é usado para provar propriedades de programas. O sistema tem duas partes:

a metalinguagem que é usada para descrever táticas de demonstração[3] e uma linguagem objeto, $PP\lambda$, em que são escritas as demonstrações. $PP\lambda$ é semelhante a $\Im$ com as seguintes extensões:

1. Tem mais tipos:

$\sigma \times \tau$	o produto direto
	permite a construção de pares
$\sigma \oplus \tau$	a soma disjunta
	permite a definição de
	tipos de dados algébricos

2. Para cada σ, existe um combinador de ponto fixo:[4]

$$\mathbf{Y}_\sigma : (\sigma \to \sigma) \to \sigma$$

$$\mathbf{Y}_\sigma M = M(\mathbf{Y}_\sigma M)$$

3. A teoria é imersa na lógica de predicados.

Fórmulas como tipos — o isomorfismo de Curry–Howard

O leitor atento pode ter notado que existe uma semelhança entre as regras para os tipos e as regras da lógica proposicional. Por exemplo, a regra para a aplicação:

$$\frac{\alpha \quad \alpha \to \beta}{\beta}$$

é a regra modus ponens; há relacionamentos semelhantes entre $\times$ e a conjunção e $\oplus$ e a disjunção. A redução de termos com tipos acima da linha produz um termo com o tipo abaixo da linha; assim este "programa" e a sua execução constituem uma prova da regra. Esta associação entre provas e programas é conhecida como o isomorfismo de Curry–Howard. O sistema de demonstração de teoremas Automath (ver a nossa análise da notação de de Bruijn no Capítulo 2) usa esta técnica.

---

[3]Consiste na linguagem ML que se tornou uma linguagem de programação extremamente bem sucedida. ML tem um sistema polimórfico de tipos — um assunto que iremos estudar no próximo capítulo.

[4]Em consequência a redução em $PP\lambda$ não é fortemente normalizadora.

7.2 Cálculo λ polimórfico

Este cálculo foi inventado independentemente por Girard (1972 — o seu interesse era estender o isomorfismo de Curry–Howard — ver acima — de modo a incluir quantificação) e Reynolds (1974 — o seu interesse era na teoria das linguagens de programação). Tal como o cálculo λ e a programação funcional ficaram associados à divisa "as funções são cidadãs de primeira classe" (Stoy), o cálculo λ de segunda ordem pode ser associado à divisa "os tipos são cidadãos de primeira classe"; os tipos podem ser abstraídos tais como valores normais:

Exemplo 7.2.1 (Uma função identidade polimórfica:)

$$M \equiv \Lambda t.\lambda x \in t.x$$

podemos então especializar este termo a um tipo particular por aplicação:

$$M\,int \text{ ou } M[int]$$

Esquemas de tipos neste cálculo são construídos da seguinte maneira:

$$\sigma ::= \alpha \mid \iota \mid \sigma_1 \rightarrow \sigma_2 \mid \forall \alpha.\sigma$$

onde α é uma variável tipo e ι é uma constante tipo. O último componente é o esquema de tipos associado a abstrações Λ.

Definição 7.2.1 *Os termos do cálculo λ polimórfico de segunda ordem, Λ_2, são a menor classe tal que:*

1. *Toda a variável e constante está em Λ_2.*

2. *$M, N \in \Lambda_2 \Rightarrow (MN) \in \Lambda_2$.*

3. *$M \in \Lambda_2$, x é uma variável, σ é um esquema de tipos $\Rightarrow (\lambda x \in \sigma.M) \in \Lambda_2$.*

4. *$M \in \Lambda_2$, σ é um esquema de tipos $\Rightarrow (M\sigma) \in \Lambda_2$.*

5. *$M \in \Lambda_2$, α é uma variável tipo $\Rightarrow (\Lambda\alpha.M) \in \Lambda_2$.*

A substituição e a congruência α são definidas da maneira óbvia. Temos dois axiomas para conversão β:

$$
\begin{array}{llrl}
(\beta^1) & (\lambda x \in \sigma.M)N & = & M[x := N] \\
(\beta^2) & (\Lambda t.M)\sigma & = & M[t := \sigma]
\end{array}
$$

É claro que também é possível definir conversão η. Alguns factos básicos relativos à redução $\beta\eta$:

$$A \vdash x : \sigma \qquad\qquad (x : \sigma \text{ em } A)$$

$$\frac{A_x \cup \{x : \sigma\} \vdash M : \tau}{A \vdash (\lambda x \in \sigma.M) : \sigma \to \tau}$$

$$\frac{A \vdash M : \sigma \to \tau \quad A \vdash N : \sigma}{A \vdash (MN) : \tau}$$

$$\frac{A \vdash M : \sigma}{A \vdash (\Lambda t.M) : \forall t.\sigma} \qquad t \notin VL(A)$$

$$\frac{A \vdash M : \forall t.\sigma}{A \vdash (M\tau) : [\tau/t]\sigma}$$

onde A_x é igual a A exceto que qualquer assunção sobre x foi apagada.

Figura 7.1: Sistema de inferência de tipos para o cálculo λ polimórfico de segunda ordem.

- $\beta\eta$ é CR

- Todo o termo Λ_2 tem uma forma normal $\beta\eta$

- $\beta\eta$ é fortemente normalizadora

Apresentamos agora um sistema formal para inferências de tipos no cálculo λ polimórfico de segunda ordem. Os julgamentos básicos têm a seguinte forma:

$$A \vdash e : \sigma$$

onde A é uma lista de assunções da forma $x : \sigma$. Os axiomas e regras são os apresentados na Figura 7.1.

Por exemplo, temos que:

$$\frac{\dfrac{x : \alpha \vdash x : \alpha}{\vdash (\lambda x \in \alpha.x) : \alpha \to \alpha}}{\vdash (\Lambda\alpha\lambda x \in \alpha.x) : (\forall\alpha.\alpha \to \alpha)}$$

Exercício 7.2.1 *Construa uma inferência para o seguinte julgamento:*

$$\vdash (\Lambda\alpha\Lambda\beta\lambda x \in \alpha\lambda y \in \beta.x) : (\forall\alpha.\forall\beta.\alpha \to \beta \to \alpha)$$

Reynolds usou o cálculo λ polimórfico de segunda ordem para modelar vários conceitos de linguagens de programação tais como definições de tipos, tipos de dados abstratos e polimorfismo.

O estilo de polimorfismo encontrado na maioria das linguagens de programação funcional (analisado no Capítulo 8) é uma versão restringida do que foi analisado acima. Em particular, a sintaxe de tipos em Λ_2 permite o encadeamento arbitrário de quantificadores. Por exemplo, o seguinte é um tipo válido em Λ_2:

$$\forall \alpha.(\forall \beta.\alpha \to \beta) \to \alpha \to \alpha$$

Os esquemas de tipos atribuídos a termos em sistemas de programação funcional são habitualmente *superficiais*; os quantificadores são usualmente omitidos e são implícitos no nível mais exterior. Em consequência, o âmbito de todos os quantificadores é todo o esquema (à direita do quantificador).

7.3 Interseção de tipos

No cálculo λ polimórfico uma função pode ser aplicada a argumentos de tipos diferentes mas os tipos dos argumentos têm de ter a mesma "estrutura". Isto fica mais visível no contexto de linguagens de programação com um conjunto mais rico de construtores de tipos. Por exemplo, a função *map* encontrada em muitas linguagens de programação funcional é polimórfica no seu segundo argumento que tem de ser pelo menos uma lista. A maioria das linguagens de programação também permite sobrecarga de operadores, por exemplo + pode ser aplicado a um par de inteiros ou a um par de reais — a operação executada em cada caso é muito diferente. Em termos contendo operadores sobrecarregados, as funções são aplicadas a argumentos com tipos estruturalmente diferentes.

Para além dos tipos do cálculo simplesmente tipificado aqui pretende-se também considerar tipos construídos com recurso ao operador de interseção $\cap$ — um termo a que é atribuído um tal tipo tem ambos os tipos envolvidos na interseção. Um exemplo é o termo $\lambda x.xx$, que não admite um tipo nos dois cálculos anteriores, mas podemos mostrar que:

$$(\lambda x.xx) : (\sigma \cap (\sigma \to \tau)) \to \tau$$

Note que é atribuído ao argumento simultaneamente os tipos σ e $\sigma \to \tau$ e assim a autoaplicação no corpo pode ter um tipo. Nesta secção apresentamos o cálculo $\lambda \cap$. Neste cálculo já não faz sentido ter tipificação explícita e portanto apresentamos um cálculo tipificado implicitamente.

$$\sigma \leq \sigma$$

$$\sigma \leq \omega \quad \omega \leq \omega \to \omega$$

$$\sigma \cap \tau \leq \sigma \quad \sigma \cap \tau \leq \tau$$

$$\frac{\sigma \leq \tau \; \tau \leq \rho}{\sigma \leq \rho} \quad \frac{\sigma \leq \tau \; \sigma \leq \rho}{\sigma \leq \tau \cap \rho}$$

$$(\sigma \to \rho) \cap (\sigma \to \tau) \leq \sigma \to (\rho \cap \tau)$$

$$\frac{\sigma' \leq \sigma \; \tau \leq \tau'}{(\sigma \to \tau) \leq (\sigma' \to \tau')}$$

Figura 7.2: Pré-ordem nos tipos enriquecidos com o operador de interseção.

O conjunto de tipos é definido como se segue:

$$\tau ::= \alpha \mid \iota \mid \tau \to \tau \mid \tau \cap \tau$$

Entre as constantes, incluímos o tipo distinguido ω.

O papel de ω é ser um tipo *universal*; a qualquer termo pode ser atribuído o tipo ω. Dados ω e $\cap$ fica natural ordenar os tipos; definimos a pré-ordem na Figura 7.2.

Escrevemos $\sigma \equiv \tau$ quando $\sigma \leq \tau$ e $\tau \leq \sigma$. Também adotamos a convenção de que $\cap$ tem maior precedência do que $\to$ o que nos permite omitir alguns parênteses.

Exercício 7.3.1 *Mostre que:*

$$(\sigma \cap \sigma' \to \tau) \equiv ((\sigma \to \tau) \cap (\sigma' \to \tau))$$

A última regra da definição de $\leq$ expressa o facto de que $\to$ é *contra variante* no seu primeiro argumento.

O sistema de inferência apresentado na Figura 7.3 atribui tipos enriquecidos com o operador de interseção a termos.

Exercício 7.3.2 *Infira dois tipos diferentes para $\lambda x.xx$ usando o sistema na Figura 7.3.*

Taut $A \vdash x : \sigma$ $\quad\quad\quad\quad\quad\quad\quad\quad\quad (x : \sigma) \in A$

Top $A \vdash M : \omega$

$\to$**E** $\dfrac{A \vdash M : (\sigma \to \tau) \;\; A \vdash N : \sigma}{A \vdash M\,N : \tau}$ $\quad\quad$ $\to$**I** $\dfrac{A_x \cup (x : \sigma) \vdash M : \tau}{A \vdash \lambda x.M : \sigma \to \tau}$

$\cap$**E** $\dfrac{A \vdash M : (\sigma_1 \cap \sigma_2)}{A \vdash M : \sigma_i}$ $i = 1, 2$ $\quad$ $\cap$**I** $\dfrac{A \vdash M : \sigma \;\; A \vdash M : \tau}{A \vdash M : \sigma \cap \tau}$

Sub $\dfrac{A \vdash M : \sigma \;\; \sigma \leq \tau}{A \vdash M : \tau}$

Figura 7.3: Sistema de inferência para tipos com o operador de interseção.

No contexto do cálculo $\lambda\cap$, temos as seguintes propriedades:

- $\beta\eta$ é CR.

- a normalização forte falha – todo o termo de Λ admite um tipo, incluindo Ω; todos os termos têm tipo ω.

- é indecidível se um termo tem um tipo particular.

van Bakel estudou um sistema de inferência restringido que não tem a regra **Top**; neste sistema, a seguinte propriedade é verdade:

$$FN(M) \Leftrightarrow \exists A.\exists \sigma.A \vdash M : \sigma$$

Barendregt *et al* prova que:

M tem uma forma normal $\Leftrightarrow \exists A.\exists \sigma.A \vdash M : \sigma$ e ω não ocorre em σ

7.4 Conclusão

Neste capítulo abordámos vários cálculos com tipos. Analisámos um cálculo monomórfico simplesmente tipificado e depois vimos como introduzir termos polimórficos. Uma caraterística comum aos dois primeiros cálculos com tipos que estudámos é que a redução $(\beta\eta)$ é fortemente normalizadora. No tocante ao terceiro sistema, envolvendo interseção de tipos, a normalização forte falha; todos os termos têm um tipo e a decidibilidade falha.

.

Capítulo 8

Aspetos práticos

Neste capítulo abordamos alguns aspetos mais práticos do cálculo λ.

Uma forma canónica de sequência de reduções (ver Capítulo 3) é a sequência de reduções mais à esquerda (em cada passo reduzimos a expressão redutível mais à esquerda); ela é também chamada *redução de ordem normal*. Os sistemas de avaliação preguiçosa usam esta ordem de redução (ver ulteriormente). Uma expressão redutível é *mais exterior* se não está contida em nenhuma outra expressão redutível, e é *mais interior* se não contém nenhuma outra expressão redutível. Uma estratégia de redução alternativa, chamada ordem *aplicativa*, consiste em reduzir primeiro a expressão redutível mais à esquerda e mais interior. As caraterísticas das várias estratégias de avaliação foram associadas por Mycroft a frases emblemáticas em termos da maneira como os parâmetros são tratados:

Ordem normal: Avalia os argumentos à medida que são usados.

Ordem aplicativa: Avalia os argumentos uma única vez.

Avaliação preguiçosa: avalia os argumentos no máximo uma vez.

De um ponto de vista pragmático a ordem aplicativa é preferível à avaliação preguiçosa (ou ordem normal) uma vez que em tempo real existe menos sobrecarga e existe um grande potencial para avaliação paralela (sabendo que os parâmetros serão avaliados podemos avaliá-los em paralelo com a chamada da função). A avaliação preguiçosa ganha porque se um argumento não é usado então não será avaliado; assim:

$$(\lambda xy.y)((\lambda x.xx)(\lambda x.xx))z$$

avalia para a sua forma normal, z, enquanto que uma ordem aplicativa de redução tenta repetidamente avaliar o argumento Ω (em vão!). É usual associar estas ordens de avaliação a mecanismos particulares de passagem de parâmetros: chamada por nome, chamada por valor e chamada por necessidade respetivamente. No entanto, estas associações são só aproximações no contexto de uma linguagem funcional. A ordem normal e a ordem aplicativa dizem respeito ambas a sequências de redução que terminam numa forma normal. Já mencionámos que os sistemas funcionais preguiçosos terminam perto das formas normais (i.e. com formas normais fracas à cabeça) mas mesmo sistemas funcionais estritos (tais como o ML Standard) não avaliam sob λs. Sistemas funcionais estritos calculam formas normais fracas ; pode encontrar no livro de Reade uma análise mais detalhada deste ponto. O resultado é que as expressões redutíveis nos termos abstração podem ser copiadas e portanto avaliadas mais de uma vez numa linguagem funcional estrita.

Começamos por apresentar duas máquinas abstratas que executam redução β; uma implementa a avaliação mais à esquerda, a segunda implementa a avaliação de ordem aplicativa.

A situação ideal seria usar uma estratégia mista baseada na avaliação preguiçosa (e assim evitar o problema acima) mas usar a ordem aplicativa quando for seguro. Consideramos uma análise dos programas de termos λ que dá informação sobre se os termos são estritos. Tal informação pode ser usada para otimizar a avaliação dos termos porque nos permite detetar quando é seguro usar a estratégia mais interior.

Na secção final apresentamos um algoritmo de inferência de tipos polimórficos para termos.

8.1   Máquinas de redução

As duas máquinas apresentadas nesta secção são para um cálculo puro; seria possível estende-las de modo a lidarem com regras delta mas deixamos os detalhes para o leitor.

O principal problema a ser atacado para implementar a redução β é o correto tratamento da substituição. Uma maneira canónica de o fazer é manter um ambiente (chamado lista de associação no interpretador meta circular de LISP) que regista os valores atuais associados às variáveis livres numa expressão. Temos de seguida o problema de aceder à entrada apropriada no ambiente.

Em vez de basear esta secção no cálculo λ tal como apresentado anteriormente, seguimos Curien e introduzimos um cálculo de fechos, $\lambda\rho$, que está entre o cálculo λ e as máquinas abstratas. O cálculo $\lambda\rho$ é semelhante ao cálculo $\lambda\sigma$ que é estudado em mais detalhe no Capítulo 9; aqui só iremos apresentar detalhe suficiente para tornar a nossa apresentação das máquinas abstratas compreensível.

Em contraste com o cálculo λ, a substituição é uma parte integrante do cálculo $\lambda\rho$; executamos computações sobre os fechos que são objetos consistindo de um termo e um ambiente. Os termos usam a notação de de Bruijn (ver Capítulo 2) e em consequência uma ocorrência de uma variável livre é um índice explícito para o ambiente atual (que está estruturado numa lista); índices começam em 1. Mais formalmente, usamos as seguintes classes:

Definição 8.1.1 (Termos)
A classe dos Termos, $\mathcal{M}$, é a menor classe satisfazendo:

1. *$n \in \mathcal{M}$, os índices de de Bruijn.*

2. *se $M, N \in \mathcal{M}$ então $(MN) \in \mathcal{M}$.*

3. *se $M \in \mathcal{M}$ então $\lambda M \in \mathcal{M}$.*

Definição 8.1.2 (Fechos)
A classe dos fechos, $\mathcal{R}$, é a menor classe satisfazendo:

- *se $M \in \mathcal{M}$ e $u_1, \ldots, u_n \in \mathcal{R}$ (para n finito e $n \geq 0$) então temos que $M[u_1; \ldots; u_n] \in \mathcal{R}$.*

Na última definição, o ambiente é a lista de fechos dentro de $[\ldots]$. Note que a definição considera o caso do ambiente ser vazio ($n = 0$). No seguimento usamos $\cdot$ como operação de prefixação em ambientes. Como mencionado atrás, o nosso objetivo principal são as computações sobre fechos; estas são especificadas pela teoria seguinte:

$$\textbf{Aval} \quad \frac{M[\rho] \overset{*}{\to} \lambda P[\nu]}{(MN)[\rho] \to P[N[\rho] \cdot \nu]}$$

$$\textbf{Acess} \quad n[u_1; \ldots; u_m] \to u_n \quad (n \leq m)$$

$$\textbf{Amb} \quad \frac{u_1 \overset{*}{\to} v_1 \ldots u_n \overset{*}{\to} v_n}{M[u_1; \ldots; u_n] \to M[v_1; \ldots; v_n]}$$

A primeira regra diz que se o primeiro termo numa aplicação se reduz a uma abstração, então podemos reduzir a aplicação a um fecho consistindo do corpo da abstração e de um ambiente que é o ambiente da abstração com um novo elemento prefixado a representar o fecho do argumento. A terceira regra permite reduções arbitrárias dentro da componente ambiente de um fecho. Uma vez que não existe uma regra que indique como reduzir termos abstração; este sistema só irá reduzir fechos a formas normais fracas à cabeça.

Um exemplo de redução de acordo com estas regras é:

$$
\begin{aligned}
(\lambda.11)(\lambda.1)[] &\rightarrow 11[\lambda.1] \\
&\rightarrow 1[1[\lambda.1]] \quad \text{uma vez que } 1[\lambda.1] \rightarrow \lambda.1[] \\
&\rightarrow 1[\lambda.1] \qquad \textbf{Acess ou Amb} \\
&\rightarrow \lambda.1
\end{aligned}
$$

Pode ser provado que este sistema é Church–Rosser; remetemos o leitor interessado nos detalhes para o material que serve de fonte. Assim como a nossa apresentação anterior de $\rightarrow_\beta$, este sistema é neutro relativamente à estratégia de redução. Podemos impor uma estratégia se considerarmos subsistemas que impõem uma ordem na sequência de reduções. Iremos agora restringir $\lambda\rho$ de duas maneiras diferentes; a primeira leva a uma máquina abstrata preguiçosa (originalmente proposta pelo lógico francês, Krivine) e a segunda leva a uma máquina ansiosa que é semelhante à máquina categorial abstrata de Curien.

8.1.1   Máquina de Krivine

Consideramos uma estratégia mais à esquerda para o cálculo dos fechos. A análise da regra **Aval** torna evidente que o ambiente é usado para colocar os argumentos "em espera". Os argumentos nunca estão na posição mais à esquerda, embora possam ficar depois da redução, assim temos de proibir a regra **Amb**.

$$
\textbf{AvalP} \quad \frac{M[\rho] \; \overset{*}{\rightarrow}_p \; \lambda P[\nu]}{(MN)[\rho] \; \rightarrow_p \; P[N[\rho] \cdot \nu]}
$$

$$
\textbf{AcessP} \quad n[u_1; \ldots; u_m] \; \rightarrow_p \; u_n \quad (n \leq m)
$$

O sistema impõe uma estratégia de redução mais à esquerda a qual, de modo semelhante ao sistema anterior, termina com uma forma normal fraca à cabeça. A estratégia é implementada por uma máquina abstrata que tem duas pilhas e um armazém de código. A primeira pilha é usada para representar o ambiente e a segunda é usada como um espaço de trabalho temporário. Uma configuração da máquina é representada por um triplo (ρ, M, S): um ambiente, um termo e uma pilha. Usamos :: para representar a operação infixa de colocação na pilha. A máquina é especificada pelas seguintes quatro regras:

$$\begin{array}{lcl}
(\rho, MN, S) & \rightarrow & (\rho, M, N[\rho] :: S) \\
(\rho, \lambda M, u :: S) & \Rightarrow & (u \cdot \rho, M, S) \\
(u \cdot \rho, n+1, S) & \Rightarrow & (\rho, n, S) \\
(M[\nu] \cdot \rho, 1, S) & \Rightarrow & (\nu, M, S)
\end{array}$$

A pilha espaço de trabalho é usada na primeira regra para armazenar o fecho do argumento enquanto é avaliada a função de um termo aplicação. A segunda regra constrói o termo e o ambiente especificados na conclusão da regra **AvalP**; note que o argumento é recuperado da pilha espaço de trabalho onde foi colocado pela primeira regra. As últimas duas regras implementam a regra **AcessP** procurando recursivamente através do ambiente.

Observe que os estados finais desta máquina ou são da forma $(\rho, \lambda M, [])$ ou da forma $([], n, S)$. Estados da primeira forma correspondem a termos λ da forma:

$$\lambda x.M$$

e estados da segunda forma correspondem a termos λ da forma:

$$x M_1 \ldots M_n$$

onde todos os termos à exceção do primeiro estão na pilha. Estas são precisamente as duas formas que uma forma normal fraca à cabeça pode tomar.

Um exemplo de avaliação nesta máquina é a seguinte sequência de transição (de modo a não sobrecarregar o leitor com notação, não distinguimos entre uma lista com um só elemento e esse elemento):

$$\begin{array}{lcll}
([], (\lambda.11)(\lambda.1), []) & \Rightarrow & ([], \lambda.11, \lambda.1) & \Rightarrow \\
(\lambda.1, 11, []) & \Rightarrow & (\lambda.1, 1, 1[\lambda.1]) & \Rightarrow \\
([], \lambda.1, 1[\lambda.1]) & \Rightarrow & (1[\lambda.1], 1, []) & \Rightarrow \\
(\lambda.1, 1, []) & \Rightarrow & ([], \lambda.1, [])
\end{array}$$

É importante perceber que esta máquina é preguiçosa no sentido que os valores só são avaliados quando necessário e somente até à forma normal fraca à cabeça. Na literatura sobre programação funcional o termo "preguiça" implica algum tipo de partilha de modo a que os termos só sejam avaliados no máximo uma vez. A máquina seria mais complicada se pretendêssemos capturar essa partilha.

8.1.2 Máquina ansiosa

Podemos tornar a estratégia de avaliação mais diligente de várias maneiras. A maneira óbvia é reintroduzir a regra **Amb** mas isso iria permitir a avaliação dos argumentos um número arbitrário de vezes. A solução que adotamos consistiu em tornar a avaliação dos argumentos parte da regra **Aval**. A estratégia ansiosa é definida pelo seguinte sistema:

$$\textbf{AvalA} \quad \frac{M[\rho] \xrightarrow{*}_a \lambda P[\nu] \quad N[\rho] \xrightarrow{*}_a u}{(MN)[\rho] \rightarrow_a P[u \cdot \nu]}$$

$$\textbf{AcessA} \quad n[u_1; \ldots; u_m] \rightarrow_a u_n \quad (n \leq m)$$

A primeira regra requer agora que o argumento seja avaliado, usando o mesmo ambiente que é usado para a avaliação da função, antes da aplicação ser reduzida. Como resultado o ambiente contem apenas valores, não fechos. Isto causa complicações na máquina abstrata porque agora temos de avaliar a função e o argumento antes de executar a aplicação. Usamos as mesmas configurações da Máquina de Krivine mas a componente Pilha tem agora marcadores, L e R, para registar se o código representa a componente esquerda ou direita de um termo aplicação. A máquina abstrata é especificada pelas seguintes 6 regras:

(ρ, MN, S)	$\Rightarrow$	$(\rho, M, L :: N[\rho] :: S)$
$(\rho, \lambda M, S)$	$\Rightarrow$	$([], , \lambda M[\rho] :: S)$
$(u \cdot \rho, n + 1, S)$	$\Rightarrow$	(ρ, n, S)
$(u \cdot \rho, 1, S)$	$\Rightarrow$	$([], , u :: S)$
$([], , u :: L :: N[\rho] :: S)$	$\Rightarrow$	$(\rho, N, R :: u :: S)$
$([], , u :: R :: \lambda M[\rho] :: S)$	$\Rightarrow$	$(u \cdot \rho, M, S)$

As terceira e quarta regras dizem respeito à acessibilidade ao ambiente e são semelhantes às da máquina de Krivine exceto que não é necessária avaliação adicional quando o valor é encontrado. A primeira regra decompõe uma aplicação nas suas partes. Ambas a segunda e a quarta regras deixam uma forma normal fraca à cabeça no topo da pilha espaço de trabalho. As últimas duas regras dizem respeito a configurações que têm um termo nulo e um valor à cabeça da pilha espaço de trabalho; o marcador abaixo do topo da pilha indica se o topo é um valor função (marcador L – regra 5) ou um argumento (marcador R – regra 6). No primeiro caso a nova configuração inicia a avaliação do argumento. No último caso, o corpo da função debaixo do marcador R passa a ser o novo termo e o ambiente é atualizado apropriadamente.

Exercício 8.1.1 *Quais as configurações terminais desta máquina?*

Um exemplo de avaliação de um termo usando esta máquina é o seguinte:

$$
\begin{array}{lcll}
([], (\lambda.11)(\lambda.1), []) & \Rightarrow & ([], \lambda.11, L :: \lambda.1) & \Rightarrow \\
([], , \lambda.11 :: L :: \lambda.1) & \Rightarrow & ([], \lambda.1, R :: \lambda.11) & \Rightarrow \\
([], , \lambda.1 :: R :: \lambda.11) & \Rightarrow & (\lambda.1, 11, []) & \Rightarrow \\
(\lambda.1, 1, L :: 1[\lambda.1]) & \Rightarrow & ([], , \lambda.1 :: L :: 1[\lambda.1]) & \Rightarrow \\
(\lambda.1, 1, R :: \lambda.1) & \Rightarrow & ([], , \lambda.1 :: R :: \lambda.1) & \Rightarrow \\
(\lambda.1, 1, []) & \Rightarrow & ([], , \lambda.1) &
\end{array}
$$

Compare esta sequência com a sequência de transições anterior.

Exercício 8.1.2

1. Avalie alguns exemplos usando os dois mecanismos alternativos.

2. Investigue maneiras de juntar regras δ às duas máquinas; em particular analise as dificuldades potenciais causadas por juntar operações condicionais e de ponto fixo à máquina ansiosa.

8.1.3 Correção

Analisamos de um modo breve a correção das máquinas abstratas. Concentramo-nos na máquina de Krivine; a correção da máquina ansiosa é provada de maneira análoga. A correção segue dos seguintes dois lemas.

Lema 8.1.1

$$ M \stackrel{*}{\to}_p N \; implica \; ([], M, []) \Rightarrow^* K $$

onde N é uma forma normal fraca à cabeça e K é um estado final da máquina correspondente a N.

Lema 8.1.2

$$ ([], M, []) \Rightarrow^* K \; implica \; M \stackrel{*}{\to}_p N $$

onde K é uma configuração final e N é uma forma normal fraca à cabeça correspondente a K.

A prova do primeiro lema envolve uma indução no comprimento da derivação usando o sistema de inferência para a avaliação preguiçosa; a prova do segundo lema é por indução no comprimento da sequência de computação.

Exercício 8.1.3 *Prove estes dois lemas.*

8.2   Reduções necessárias

Considere o seguinte termo:

$$(\lambda xy.y)\underbrace{((\lambda x.xx)(\lambda x.xx))}_{A}(\underbrace{(\lambda xy.x)z}_{B}w)$$

Os índices identificam duas expressões redutíveis. A expressão redutível *A* será contraída em *algumas* sequências de redução para a forma normal. A expressão redutível *B* será contraída em *todas* as sequências de redução para a forma normal. Tendo em atenção estas observações, dizemos que a expressão redutível *B* é uma expressão redutível *necessária*. Mas podemos detetar tais expressões redutíveis? Começamos, como sempre, com algumas definições:

Definição 8.2.1 *Seja* $R \in Sub(M)$ *uma expressão redutível.*
R é necessária *em M se toda a sequência de redução de M a uma forma normal reduz algum resíduo de R.*
R é necessária à cabeça *em M se toda a sequência de redução de M a uma forma normal à cabeça reduz algum resíduo de R.*

De facto, restringimos a nossa atenção à determinação das expressões redutíveis necessárias à cabeça num termo. O interesse nelas advém desse conceito estar intimamente relacionado com o conceito de estrito em linguagens funcionais.

Definição 8.2.2
Uma função unária é estrita *no seu argumento se, quando o argumento está indefinido (por exemplo devido a uma avaliação que não termina), então o resultado da função está também indefinido. Isto é frequentemente escrito:*

$$f(\perp) = \perp$$

Existe uma generalização óbvia a funções de mais de um parâmetro.

A vantagem que advém de ser capaz de identificar quais os argumentos em relação aos quais uma função é estrita é que esses argumentos podem ser avaliados usando uma estratégia mais eficiente (qualquer estratégia será normalizadora). O próximo resultado relaciona os conceitos de necessário à cabeça e de estrito:

Proposição 8.2.1 *Para todo o contexto* $C[]$ *e expressão redutível R, a função unária associada com* $C[]$ *é estrita se e só se R é necessário à cabeça em* $C[R]$.

Prova

Observe que a função unária associada com $C[]$ é estrita se $C[\Omega] = \Omega$ onde Ω é um representante da classe de termos sem forma normal à cabeça.

Observe também que $M \Leftrightarrow N$ é equivalente a $\neg M \Leftrightarrow \neg N$.

Assim,

$$
\begin{aligned}
C[\Omega] \neq \Omega \quad &\Leftrightarrow \quad C[\Omega] \text{ tem uma forma normal à cabeça} \\
&\Leftrightarrow \quad C[\Omega] \rightarrow_c \lambda x_1 \ldots x_n.x_i M_1 \ldots M_m \\
&\Leftrightarrow \quad C[R] \rightarrow_c \lambda x_1 \ldots x_n.x_i M_1^* \ldots M_m^*, \text{ sem reduzir R} \\
&\Leftrightarrow \quad R \text{ não é necessária à cabeça em } C[R]
\end{aligned}
$$

∎

Infelizmente, é indecidível se uma expressão redutível é necessária (à cabeça) ou não; de facto, tendo em atenção a equivalência entre a definibilidade λ e a computabilidade de Turing estabelecida no Capítulo 6, pode ser mostrado que este problema se reduz ao problema da terminação nas máquinas de Turing.

Antes de prosseguirmos com os desenvolvimentos técnicos, fazemos uma pausa para apresentar alguns exemplos das definições acima:

Em $\lambda xy.\mathbf{I}x(\mathbf{K}y(\mathbf{I}y))$:

- $\mathbf{I}x$ é necessário à cabeça e é necessário,

- $\mathbf{K}y$ é necessário (mas não necessário à cabeça),

- $(\lambda z.y)(\mathbf{I}y)$ é *gerado* (não é resíduo de nenhuma expressão redutível) por:

$$
\mathbf{K}y(\mathbf{I}y) \rightarrow (\lambda z.y)(\mathbf{I}y)
$$

e é necessário no termo gerado.

Apresentamos agora uma "função" não computável para encontrar expressões redutíveis necessárias à cabeça. A função é definida em termos da seguinte, que calcula o *número de seleção* de um termo λ:

Definição 8.2.3 (Números de seleção)

$$
\begin{aligned}
Sel(M) \quad &= \quad \uparrow \textit{(indefinido) se } M \textit{ não tem uma forma normal à cabeça} \\
&= \quad 0 \textit{ se } M \textit{ tem uma forma normal à cabeça com a variável à} \\
&\quad\quad \textit{cabeça livre} \\
&= \quad i \ (0 < i \leq n) \textit{ se } M \textit{ tem uma forma normal à cabeça da} \\
&\quad\quad \textit{forma: } \lambda x_1 \ldots x_n.x_i M_1 \ldots M_m
\end{aligned}
$$

Esta definição não define um algoritmo pois é indecidível se um termo tem uma forma normal à cabeça. $Sel(M)$ é uma propriedade semidecidível; se convergir sabemos que M tem uma forma normal à cabeça da forma indicada. Usamos esta função na função de apagar, $< \_ >: \Lambda \to \Lambda\bot$ (onde $\Lambda\bot$ é a classe dos termos λ construídos a partir do alfabeto usual enriquecido com o novo símbolo distinguido, $\bot$):

Definição 8.2.4

$$
\begin{array}{rcl}
< x > & = & x \\
< \lambda x.P > & = & \lambda x. < P > \\
< PQ > & = & < P >< Q > \quad \text{se } Sel(P) = 1 \\
& = & < P > \bot \quad \text{caso contrário}
\end{array}
$$

A última cláusula é a importante. A intenção é que os subtermos que não são necessários sejam apagados; o subtermo argumento só é preservado se soubermos que o subtermo função se vai reduzir a uma forma normal à cabeça que irá levar o argumento para a posição da expressão redutível à cabeça. De modo a formalizarmos esta noção, introduzimos as seguintes definições:

Definição 8.2.5 *Uma expressão redutível é* visível *em* $< M >$ *se o seu primeiro* λ *aparece em* $< M >$.

Definição 8.2.6 $R \in Sub(M)$ *é* $<>$-*preservada em* M *se* R *é visível em* $< M >$.

Exemplo 8.2.1 *Sejam:*

$$M_1 \equiv \lambda w.(\lambda xy.yAB)((\lambda z.w)C)$$

$$M_2 \equiv \lambda w.(\lambda xy.xAB)((\lambda z.w)C)$$

Então:

$$
\begin{array}{rcl}
< M_1 > & = & \lambda w.(\lambda xy.y\bot\bot)\bot \\
& & \text{uma vez que } Sel(y) = Sel(yA) = 0 \text{ e } Sel(\lambda xy.yAB) = 2 \\
< M_2 > & = & \lambda w.(\lambda xy.x\bot\bot)((\lambda z.w)\bot) \\
& & \text{uma vez que } Sel(\lambda xy.xAB) = 1, Sel(x) = Sel(xA) = 0 \text{ e} \\
& & Sel(\lambda z.w) = 0
\end{array}
$$

Claramente, a expressão redutível $((\lambda z.w)C)$ *é visível em* $< M_2 >$ *mas não é visível em* $< M_1 >$.

O resultado principal no que diz respeito a $< \_ >$ é o seguinte:

Teorema 8.2.1 *R é $<>$-preservado em $M \Rightarrow R$ é necessário à cabeça em M.*

Prova
Indução na estrutura de M.

- $M \equiv x$, é uma variável: então $R \equiv x$ e o resultado é trivial.
- $M \equiv \lambda x.P$: $< M >= \lambda x. < P >$ e o resultado vem da HI uma vez que $R \in Sub(P)$.
- $M \equiv PQ$: Existem três casos:
    1. $R \equiv PQ$: R é necessário à cabeça por definição.
    2. $R \in Sub(P)$:

       R é $<>$-preservado $\Rightarrow$ R é visível em $< P >$
       $\Rightarrow$ R é necessário à cabeça em P, por HI
       $\Rightarrow$ R é necessário à cabeça em M

    3. $R \in Sub(Q)$:

       R é $<>$-preservado $\Rightarrow$ R é visível em $< Q >$ e $Sel(P) = 1$
       $\Rightarrow$ R é necessário à cabeça em Q e
       $P \rightarrow_c \lambda x_1 \ldots x_n.x_1 M_1 \ldots M_m$
       $\Rightarrow$ R é necessário à cabeça em M

       ∎

Até agora tudo bem; mas Sel não é computável e portanto temos de encontrar uma aproximação computável. Considere a função, $KSL : \Lambda \bot \rightarrow N^3 \cup \{(*,*,*)\}$. A interpretação dos resultados desta função é que se

$$KSL(M) = (k, s, j)$$

então M tem uma forma normal à cabeça da forma:

$$\lambda x_1 \ldots x_k.x_s M_1 \ldots M_j$$

e se

$$KSL(M) = (*,*,*)$$

então M pode não ter uma forma normal à cabeça. Note a incerteza no segundo caso; isto é o custo da aproximação — algumas vezes M terá uma forma normal à cabeça mas não seremos capazes de determinar a sua forma.

Definição 8.2.7 (Algoritmo KSL e $\oplus$)

$$
\begin{aligned}
KSL(\bot) &= (*,*,*) \\
KSL(x) &= (0,0,0) \\
KSL(\lambda x.P) &= KSL(P) + (1,1,0) \\
&\quad \text{se } x \in VL(<P>) \text{ ou } VL(<P>) = \varnothing \\
&= KSL(P) + (1,0,0) \text{ caso contrário} \\
KSL(PQ) &= KSL(P) \oplus KSL(Q)
\end{aligned}
$$

onde se assume que + é definido sobre tuplos componente a componente com a seguinte extensão:

$$x + * = * + x = *, x \text{ é um número ou } *$$

e $\oplus$ é definido como se segue:

$$
\begin{aligned}
(*,*,*) \oplus (x,y,z) &= (*,*,*) & (8.1) \\
(0,0,j) \oplus (x,y,z) &= (0,0,j+1) & (8.2) \\
(k+1,0,j) \oplus (x,y,z) &= (k,0,j) & (8.3) \\
(k+1,1,j) \oplus (*,*,*) &= (*,*,*) & (8.4) \\
(k+1,1,j) \oplus (0,0,j') &= (k,0,j+j') & (8.5) \\
(k+1,n+2,j) \oplus (x,y,z) &= (k,n+1,j) & (8.6) \\
(k+1,1,0) \oplus (k'+1,0,j') &= (k+k'+1,0,j') & (8.7) \\
(k+1,1,j+1) \oplus (k'+1,0,j') &= (k+1,1,j) \oplus (k',0,j') & (8.8) \\
(k+1,1,0) \oplus (k'+1,1,j') &= (k+k'+1,k+1,j') & (8.9) \\
(k+1,1,j+1) \oplus (k'+1,1,j') &= (*,*,*) & (8.10) \\
(k+1,1,0) \oplus (k'+1,n'+2,j') &= (k+k'+1, \\
&\qquad k+n'+2,j') & (8.11) \\
(k+1,1,j+1) \oplus (k'+1,n'+2,j') &= (k+1,1,j) \oplus \\
&\qquad (k',n'+1,j') & (8.12)
\end{aligned}
$$

(as cláusulas estão numeradas na coluna da direita para facilidade de referência).

Em vez de dar uma prova formal da correção destas regras, remetemos o leitor interessado para o artigo original de Barendregt *et al*, tentamos antes fornecer alguma motivação. Note que KSL faz uso da função $< \_ >$ e uma vez que a nova versão de $< \_ >$ usa KSL, em vez de Sel, elas são mutuamente recursivas. Por inspeção, os parâmetros envolvidos na recursão mútua vão decrescendo e consequentemente a recursão irá "bater no fundo"; assim KSL e $< \_ >$ são totais.

Começamos a nossa análise do KSL pela regra da abstração. Para compreender esta cláusula, temos de ter algum conhecimento sobre $VL(< P >)$. As únicas variáveis livres que aparecem em $< P >$ têm de aparecer em subtermos necessários à cabeça em P, e só pode haver uma variável livre, que será a variável à cabeça da forma normal à cabeça de P. Suponha que:

$$KSL(P) = (k, s, j)$$

então a abstração de x adicionará uma variável muda extra e não adicionará quaisquer termos extra na "cauda" de P. No entanto, se $x \in VL(< P >)$ então no seguimento da análise acima, s tem de ser 0 (uma vez que x é a variável à cabeça e está livre) e portanto a abstração de x leva a que s seja 1. Em alternativa, se $VL(< P >)$ é vazio, então P ou é $\bot$ (caso em que não interessa o que se faça!) ou a variável à cabeça é muda em P, isto é $1 \leq s \leq k$; neste caso adicionar uma variável muda extra implica também incrementar s uma unidade. No caso de $x \notin VL(< P >)$ e $VL(< P >)$ não ser vazio, então a variável à cabeça ainda está livre e devemos simplesmente incrementar k uma unidade, deixando s inalterado.

O operador $\oplus$ é um pseudo-operador de aplicação. As regras de $\oplus$ podem ser justificadas pela análise dos termos λ representados pelos triplos de KSL. Analisamos apenas três regras:

- (1) $(*, *, *) \oplus (x, y, z) = (*, *, *)$ pois $\bot M = \bot$ para qualquer M.

- (2) $(0, 0, j) \oplus (x, y, z) = (0, 0, j + 1)$ dado que $(aM_1 \ldots M_j)M = aM_1 \ldots M_j M$

- (10) $(k + 1, 1, j + 1) \oplus (k' + 1, 1, j') = (*, *, *)$:

  O lado direito representa a expressão redutível:

  $$(\lambda x_1 \ldots x_{k+1}.x_1 M_1 \ldots M_{j+1})(\lambda y_1 \ldots y_{k'+1}.y_1 N_1 \ldots N_{j'})$$

  que se reduz da seguinte maneira:

  $$\rightarrow \quad \lambda x_2 \ldots x_{k+1}.(\lambda y_1 \ldots y_{k'+1}.y_1 N_1 \ldots N_{j'})M_1 \ldots M_{j+1}$$
  $$\rightarrow \quad \lambda x_2 \ldots x_{k+1}. \ldots .M_1 \ldots$$

  Quaisquer sejam os valores de k' e j, é certo que no último termo acima M_1 irá aparecer à cabeça. Mas não sabemos nada sobre o termo M_1 (os triplos dados não nos dizem nada sobre os termos que aparecem na cauda dos termos associados); em consequência, a única coisa "segura" que se pode afirmar é que o termo composto pode não ter uma forma normal à cabeça (o termo M_1 pode ser Ω por exemplo). A regra (8.10) é a regra chave que introduz a aproximação analisada anteriormente.

Exercício 8.2.1
(a) Apresente justificações para algumas das outras regras de $\oplus$.
(b) Refaça os exemplos anteriores que usam Sel de modo a usarem KSL.
(c) Identifique um termo M em que o segundo componente de $KSL(M)$ não é igual a $Sel(M)$.

8.3   Inferência de tipos polimórficos

Muitas linguagens funcionais com tipos, embora fortemente tipificadas, permitem a definição de funções polimórficas. Relembre do Capítulo 7 que uma função polimórfica é uma função que aceita argumentos de muitos tipos diferentes mas que se comporta da mesma maneira para cada tipo.[1] Um exemplo simples de uma função polimórfica é:

$$map : (* \to **) \to [*] \to [**]$$

$$
\begin{aligned}
map\ f\ [] &= [] \\
map\ f\ (a : x) &= (f\ a) : (map\ f\ x)
\end{aligned}
$$

Os símbolos $*$ e $**$ são usados como variáveis tipo e [ ] é o construtor do tipo lista. Uma das primeiras linguagens de programação a permitir funções polimórficas foi o ML (ver Capítulo 7) e nesta secção nós apresentamos um algoritmo, originalmente proposto por Milner, que dada uma função sem tipo ou encontra um tipo polimórfico para ela ou indica que não admite um tipo.

Considere a seguinte linguagem Exp de expressões:

$$e ::= x \mid e\ e' \mid \lambda x.e \mid let\ x\ =\ e\ in\ e'$$

---

[1]A noção de polimorfismo foi introduzida por Christopher Strachey. Ele distinguiu dois tipos de polimorfismo; o tipo que descrevemos aqui é chamado *polimorfismo paramétrico*, o outro é chamado *polimorfismo ad hoc*. No polimorfismo ad hoc é permitido que a função faça coisas diferentes dependendo do tipo do argumento; em terminologia moderna uma tal função diz-se *sobrecarregada*. Por exemplo, o operador + que realiza a adição de inteiros e reais e a concatenação de cadeias de caracteres faz coisas muito diferentes em cada caso e está portanto sobrecarregado. O cálculo $\lambda\cap$ do Capítulo 7 suporta sobrecarga. Os tipos polimórficos apresentados aqui são menos gerais que no cálculo λ polimórfico de segunda ordem.

Os tipos são construídos a partir de variáveis tipo, representadas por α, tipos primitivos (atómicos), representados por ι, e o construtor do espaço de funções:

$$\tau ::= \alpha \mid \iota \mid \tau \to \tau$$

O algoritmo indica o esquema principal de tipos para um termo; os esquemas de tipos têm a seguinte forma:

$$\sigma ::= \tau \mid \forall \alpha.\sigma$$

Usamos a abreviatura $\forall \alpha_1 \ldots \alpha_n.\sigma$ para $\forall \alpha_1 \ldots \forall \alpha_n.\sigma$; os α_i são chamados *variáveis tipo genéricas*. Um *tipo mono* é um tipo que não contém variáveis tipo.

Uma substituição é um mapa das variáveis tipo para tipos. Dada uma substituição S, escrevemos:

$$S\sigma$$

para representar o esquema de tipos que se obtém de σ substituindo cada ocorrência livre de uma variável no domínio de S pelo correspondente elemento do contra-domínio de S; o esquema de tipos resultante é chamado uma *instância* de σ. Por vezes escrevemos S explicitamente como:

$$[\tau_1/\alpha_1, \ldots, \tau_n/\alpha_n]$$

significando que τ_i ($1 \leq i \leq n$) substitui α_i. Note que a operação de substituição pode levar à captura de variáveis se for aplicada ingenuamente — devemos adotar uma convenção de variáveis.

Em contraste com a noção de instância, um esquema de tipos $\sigma = \forall \alpha_1 \ldots \alpha_m.\tau$ tem uma *instância genérica* $\sigma' = \forall \beta_1 \ldots \beta_n.\tau'$ se $\tau' = [\tau_i/\alpha_i]\tau$ e os β_j não são livres em σ; neste caso escrevemos $\sigma > \sigma'$. Note que a instanciação envolve a substituição de variáveis livres enquanto que a instanciação genérica atua em variáveis mudas.

Apresentamos agora um sistema formal para inferência de tipos. Os julgamentos básicos, ou asserções, neste sistema são da forma:

$$A \vdash e : \sigma$$

onde A é um conjunto de assunções da forma:

$$x : \sigma' \text{ onde } x \text{ é uma variável}$$

Taut $A \vdash x : \sigma$ $(x : \sigma \text{ em } A)$

Inst $\dfrac{A \vdash e : \sigma}{A \vdash e : \sigma'}$ $(\sigma > \sigma')$

Gen $\dfrac{A \vdash e : \sigma}{A \vdash e : \forall \alpha . \sigma}$ $(\alpha \text{ não livre em } A)$

Comb $\dfrac{A \vdash e : \tau' \to \tau \quad A \vdash e' : \tau'}{A \vdash (e\ e') : \tau}$

Abs $\dfrac{A_x \cup \{x : \tau'\} \vdash e : \tau}{A \vdash (\lambda x.e) : \tau' \to \tau}$

Let $\dfrac{A \vdash e : \sigma \quad A_x \cup \{x : \sigma\} \vdash e' : \tau}{A \vdash (let\ x = e\ in\ e') : \tau}$

Figura 8.1: Sistema de inferência de tipos polimórficos.

A asserção deve ser lida: "Assumindo A, e tem tipo σ". Uma asserção é fechada se A e σ não contêm variáveis livres. Os axiomas e as regras são apresentados na Figura 8.1.

As assunções A_x usadas em **Abs** e **Let** denotam as novas assunções obtidas de A removendo toda a assunção sobre x. O leitor deve comparar estas regras, em particular **Comb** e **Abs**, com a definição dos termos λ^τ no capítulo anterior. Note que o polimorfismo é representado por esquemas de tipos; só as regras **Taut**, **Inst**, **Gen** e **Let** dizem respeito a esquemas de tipos. As inferências de tipos consistem num processo de derivação de teoremas neste sistema formal, por exemplo:

$$\dfrac{\dfrac{x : \alpha \vdash x : \alpha}{\vdash (\lambda x.x) : \alpha \to \alpha} \quad \textbf{Taut}}{\vdash (\lambda x.x) : \forall \alpha . \alpha \to \alpha} \quad \begin{array}{l} \\ \textbf{Abs} \\ \textbf{Gen} \end{array}$$

Este tipo (polimórfico) associado com a função identidade é o *tipo mais geral* para a função identidade; todos os outros tipos possíveis são instâncias genéricas de $\forall \alpha . \alpha \to \alpha$ – ele é o maior tipo na ordenação $>$.

Apresentamos agora um algoritmo para a inferência de tipos; o algoritmo $\mathcal{W}$ de Milner. O tipo informal de $\mathcal{W}$ é:

$$\text{Assunções} \times \text{Exp} \to \text{Substituição} \times \text{Tipo}$$

e se:

$$\mathcal{W}(A, e) = (S, \tau)$$

então:

$$SA \vdash e : \tau$$

onde as substituições são estendidas a listas de assunções da maneira óbvia. De maneira a definir $\mathcal{W}$, necessitamos de duas operações: unificação e fecho relativamente a algumas assunções.

Definição 8.3.1 *Um* unificador *de dois termos é uma substituição que, quando aplicada aos dois termos, os torna iguais. Apresentamos um algoritmo $\mathcal{U}$ que ou encontra um unificador para dois tipos τ e τ' dados ou falha. Adicionalmente:*

1. *Se $\mathcal{U}(\tau, \tau') = V$ então $V\tau = V\tau'$*

   i.e. V unifica τ e τ'

2. *Se S unifica τ e τ' então $\mathcal{U}(\tau, \tau')$ devolve V tal que existe uma substituição R com*

$$S = RV$$

   onde a composição de substituições é definida da maneira óbvia. Este requisito estabelece que V efetua uma quantidade mínima de trabalho para igualar os dois termos; V é chamado o unificador mais geral.

3. *V só envolve variáveis em τ e τ'; não são introduzidas novas variáveis durante a unificação.*

O algoritmo usa a noção de *conjunto de desacordos*:

$$
\begin{aligned}
D(\tau, \tau') \quad &= \quad \varnothing \\
&\quad \text{se } \tau = \tau' \\
&= \quad \{(\tau_1, \tau_1')\} \\
&\quad \text{se } \tau_1, \tau_1' \text{ são os "primeiros" subtermos em que } \tau \text{ e } \tau' \text{ não} \\
&\quad \text{concordam}
\end{aligned}
$$

Na segunda cláusula da definição, assumimos uma travessia em profundidade. Alguns exemplos podem clarificar este conceito:

$$
\begin{aligned}
D(int \to int, int \to int) &= \varnothing \\
D(\alpha \to \beta, \alpha \to \beta) &= \varnothing \\
D(\alpha, \alpha \to \beta) &= \{(\alpha, \alpha \to \beta)\} \\
D(\alpha \to \alpha, (int \to int) \to \beta) &= \{(\alpha, int \to int)\} \\
D((int \to \alpha) \to \beta, (int \to int) \to \gamma) &= \{(\alpha, int)\}
\end{aligned}
$$

Definimos agora $\mathcal{U}$ em termos de uma função auxiliar que itera com uma substituição e os dois tipos de modo a encontrar o unificador:

$$
\begin{aligned}
\mathcal{U}(\tau, \tau') \quad &= \quad itera(Id, \tau, \tau') \\
\text{onde} & \\
itera(V, \tau, \tau') \quad &= \quad \text{se } V\tau = V\tau' \\
& \qquad \text{então } V \\
& \qquad \text{cc se } a \text{ é uma variável que não ocorre em } b \\
& \qquad \text{então } itera([b/a]V, \tau, \tau') \\
& \qquad \text{cc se } b \text{ é uma variável que não ocorre em } a \\
& \qquad \text{então } itera([a/b]V, \tau, \tau') \\
& \qquad \text{cc FALHA} \\
& \qquad \text{onde } \{(a, b)\} = D(V\tau, V\tau')
\end{aligned}
$$

O leitor deve, pelo menos informalmente, verificar que esta definição satisfaz a especificação anterior.

Exercício 8.3.1 *Mostre que*

$$
\mathcal{U}(\beta \to \gamma, \gamma \to \epsilon) = [\epsilon/\gamma, \gamma/\beta]
$$

O fecho de um tipo resulta num tipo em que algumas variáveis livres passam a ser quantificadas; mais formalmente:

Definição 8.3.2 *O fecho de um tipo τ relativamente a assunções A consiste em tornar todas as variáveis livres de τ que não são livres em A em variáveis tipo genéricas. O fecho é designado por $\overline{A}(\tau)$. Assim:*

$$
\overline{A}(\tau) = \forall \alpha_1 \ldots \alpha_n.\tau
$$

onde $\alpha_1, \ldots, \alpha_n$ são as variáveis tipo que ocorrem livres em τ mas não em A.

Definimos $\mathcal{W}$ na Figura 8.2.

Estabelecemos agora várias propriedades importantes deste algoritmo.

$\mathcal{W}(A, e) = (S, \tau)$ onde

(i) Se $e \equiv x$ e $x : \forall \alpha_1 \ldots \alpha_n.\tau' \in A$ então $S = Id$ e $\tau = [\beta_i/\alpha_i]\tau'$
onde os β_i são novos.

(ii) Se $e \equiv e_1 e_2$:
sejam $\mathcal{W}(A, e_1) = (S_1, \tau_1)$ e
$\mathcal{W}(S_1 A, e_2) = (S_2, \tau_2)$
e $\mathcal{U}(S_2 \tau_1, \tau_2 \to \beta) = V$ onde β é novo
então $S = V S_2 S_1$ e $\tau = V \beta$.

(iii) Se $e \equiv \lambda x.e_1$:
seja β uma nova variável tipo e $\mathcal{W}(A_x \cup \{x : \beta\}, e_1) = (S_1, \tau_1)$
então $S = S_1$ e $\tau = S_1 \beta \to \tau_1$.

(iv) Se $e \equiv let\ x = e_1\ in\ e_2$:
sejam $\mathcal{W}(A, e_1) = (S_1, \tau_1)$ e
$\mathcal{W}(S_1 A_x \cup \{x : \overline{S_1 A}(\tau_1)\}, e_2) = (S_2, \tau_2)$
então $S = S_2 S_1$ e $\tau = \tau_2$.

(v) Caso contrário $\mathcal{W}$ falha.

Figura 8.2: O algoritmo $\mathcal{W}$.

Proposição 8.3.1 *Se S é uma substituição e $A \vdash e : \sigma$ então $SA \vdash e : S\sigma$. Mais ainda, se existe uma derivação de $A \vdash e : \sigma$ com altura n então existe também uma derivação de $SA \vdash e : S\sigma$ com altura menor ou igual a n.*

Prova por indução na altura n da derivação de $A \vdash e : \sigma$.

Base: as únicas derivações de altura zero são as instâncias de **Taut**, i.e. $A \vdash e : \sigma$ com $x : \sigma$ em A. Então $x : S\sigma$ está em SA e também temos que $SA \vdash e : S\sigma$.

Passo de indução: o caso mais difícil é quando o último passo da derivação envolve o uso da regra **Gen**. Neste caso σ é da forma $\forall \alpha.\sigma'$. O antecedente é $A \vdash e : \sigma'$ e α não é livre em A. Pela hipótese de indução $SA \vdash e : S\sigma'$ mas não podemos usar mais a regra **Gen** porque α pode ser livre em SA. Em vez disso introduzimos uma nova variável tipo α'. Assim pela hipótese de indução:

$$S[\alpha'/\alpha]A \vdash e : S[\alpha'/\alpha]\sigma'$$

e uma vez que nem α nem α' ocorrem em A:

$$SA \vdash e : S[\alpha'/\alpha]\sigma'$$

e assim a regra **Gen** pode ser aplicada e o resultado sai (modulo renomear as variáveis genéricas).

■

Exercício 8.3.2
*1. Prove que para todos os esquemas de tipos σ e σ' e toda a substituição
S, se $\sigma > \sigma'$ então $S\sigma > S\sigma'$.
2. Complete a prova da proposição anterior.*

Teorema 8.3.1 (Correção de $\mathcal{W}$)
Se

$$\mathcal{W}(A, e) = (S, \tau)$$

então

$$SA \vdash e : \tau$$

que é a propriedade requerida na especificação de $\mathcal{W}$.

Prova Por indução sobre e.
   Considere a aplicação $e\ e'$. Pela hipótese de indução temos que:

$$S_1 A \vdash e : \tau_1$$

e

$$S_2 S_1 A \vdash e' : \tau_2$$

Pela proposição temos que:

$$V S_2 S_1 A \vdash e : V S_2 \tau_1$$

e

$$V S_2 S_1 A \vdash e' : V \tau_2$$

Assim $V S_2 \tau_1$ é igual a $V \tau_2 \rightarrow V \beta$ pelo algoritmo de unificação. Logo podemos
combinar os dois julgamentos anteriores pela regra **Comb** de modo a obter:

$$V S_2 S_1 A \vdash e\ e' : V \beta$$

como pretendido.   ■

Exercício 8.3.3 *Complete a prova acima.*

   Dados A e e, σ_p é um *esquema de tipos principal* de e relativo a A se e
só se:

   • $A \vdash e : \sigma_p$

- Qualquer outro σ tal que $A \vdash e : \sigma$ é uma instância genérica de σ_p.

A correção estabelece (em termos gerais) que quaisquer tipos inferidos por $\mathcal{W}$ podem ser inferidos pelo sistema de inferência. Uma propriedade igualmente importante é a *completude*, que significa que qualquer tipo que pode ser inferido pelo sistema de inferência pode ser encontrado por $\mathcal{W}$ (mais uma vez em termos gerais). Enunciamos, não provando, duas versões da completude; ver o artigo seminal de Damas e Milner para detalhes.

1. **Completude de $\mathcal{W}$:**

   Dados A e e, seja A' uma instância de A e σ um esquema de tipos tal que $A' \vdash e : \sigma$ então:

   - $\mathcal{W}(A, e)$ tem sucesso
   - Se $\mathcal{W}(A, e) = (S, \tau)$ então para alguma substituição R:

   $$A' = RSA$$

   e $R\overline{SA}(\tau) > \sigma$

2. **Completude (sem variáveis tipo livres) de $\mathcal{W}$:**

   Se $A \vdash e : \sigma$, para algum σ, então $\mathcal{W}$ calcula um esquema de tipos principal para e relativo a A.

A versão 2 é na realidade um corolário simples da versão 1.
Apresentamos um exemplo de aplicação de $\mathcal{W}$:

Exemplo 8.3.1 $\mathcal{W}(\{\}, \lambda fx.f(fx))$
por (iii) é necessário avaliar $\mathcal{W}(\{f : \alpha\}, \lambda x.f(fx))$ onde α é uma nova variável tipo.
Assim mais uma vez por (iii), é necessário avaliar $\mathcal{W}(\{x : \beta, f : \alpha\}, f(fx))$ onde β é uma nova variável.
Para avaliar $\mathcal{W}(\{x : \beta, f : \alpha\}, f(fx))$, por (ii) devemos avaliar $\mathcal{W}(\{x : \beta, f : \alpha\}, f)$ que é:

$$(Id, \alpha) \text{ por (i)} \qquad\qquad (*)$$

Então avaliamos $\mathcal{W}(Id\{x : \beta, f : \alpha\}, fx)$:

$$
\begin{array}{lcl}
\mathcal{W}(Id\{x : \beta, f : \alpha\}, f) & = & (Id, \alpha) \text{ por (i)} \\
\mathcal{W}(IdId\{x : \beta, f : \alpha\}, x) & = & (Id, \beta) \text{ por (i)} \\
\mathcal{U}(\alpha, \beta \to \gamma) & = & [\beta \to \gamma/\alpha] \text{ onde } \gamma \text{ é novo}
\end{array}
$$

assim:

$$\mathcal{W}(Id\{x : \beta, f : \alpha\}, fx) = ([\beta \to \gamma/\alpha], \gamma) \qquad (**)$$

De seguida temos de unificar (*) e (**) como especificado em (ii):

$$\begin{aligned}
\mathcal{U}([\beta \to \gamma/\alpha]\alpha, \gamma \to \epsilon) &= \mathcal{U}(\beta \to \gamma, \gamma \to \epsilon) \text{ onde } \epsilon \text{ é novo} \\
&= [\epsilon/\gamma, \gamma/\beta]
\end{aligned}$$

Assim:

$$\begin{aligned}
\mathcal{W}(\{x : \beta, f : \alpha\}, f(fx)) &= ([\epsilon/\gamma, \gamma/\beta, \beta \to \gamma/\alpha], \epsilon) \text{ por (ii)} \\
\mathcal{W}(\{f : \alpha\}, \lambda x.f(fx)) &= ([\epsilon/\gamma, \gamma/\beta, \beta \to \gamma/\alpha], \epsilon \to \epsilon) \text{ por (ii)}
\end{aligned}$$

e finalmente:

$$\mathcal{W}(\{\}, \lambda fx.f(fx)) = ([\epsilon/\gamma, \gamma/\beta, \beta \to \gamma/\alpha], (\epsilon \to \epsilon) \to \epsilon \to \epsilon)$$

por (ii) como esperado!

Exercício 8.3.4 *Use $\mathcal{W}$ para inferir o tipo de $\lambda xyz.xz(yz)$.*

Concluímos esta secção realçando a importância da construção let na linguagem. Num contexto sem tipos:

$$let\ x = e\ in\ e'$$

é só açúcar sintático para:

$$(\lambda x.e')e$$

Isto deixa de ser verdade quando usamos $\mathcal{W}$ para inferir tipos. A construção let introduz funções polimórficas; assim:

$$let\ f = \lambda x.x\ in \ldots f\ verdadeiro \ldots f\ 1 \ldots$$

admite um tipo pois f terá o tipo $\forall \alpha.\alpha \to \alpha$ (devido ao operador de fecho em (iv)) o qual pode depois ser instanciado com *logicos $\to$ logicos* e *int $\to$ int*. No entanto:

$$(\lambda f. \ldots f\ verdadeiro \ldots f\ 1 \ldots)(\lambda x.x)$$

não admite um tipo pois $\lambda x.x$ terá o tipo $\alpha \to \alpha$ e α só pode ser instanciado com um tipo.

8.4 Conclusão

Neste capítulo estudámos alguns aspetos mais práticos dos cálculos λ. Os tópicos apresentados deverão ter dado ao leitor uma ideia de como a teoria dos capítulos anteriores é colocada em uso na implementação de linguagens de programação (funcional). As máquinas abstratas estão relacionadas de modo próximo com as técnicas de implementação que são usadas em sistemas de programação funcional práticos. O desenvolvimento de métodos eficientes de análise de programas constitui investigação na crista da onda na área da tecnologia avançada de compilação. A maioria das linguagens funcionais modernas permitem a definição de funções polimórficas e usam algoritmos de verificação de tipos baseados no apresentado na última secção.

Capítulo 9

Outros cálculos

Neste capítulo apresentamos dois outros cálculos; cada um ataca uma limitação diferente do cálculo puro que tem sido o nosso principal objeto de estudo. Este capítulo é ligeiramente diferente em termos de estilo relativamente aos capítulos anteriores; iremos abordar muitos pontos apresentando poucos exemplos e exercícios. Preferimos dar ênfase à teoria da demonstração dos cálculos — o leitor interessado é encorajado a consultar a fonte original do material para detalhes dos modelos e mais exemplos motivadores.

Os dois cálculos são:

O cálculo λ preguiçoso de Abramsky: A teoria usual falha na distinção de termos com comportamentos marcadamente diferentes em qualquer implementação preguiçosa do cálculo. O cálculo λ preguiçoso oferece uma abordagem mais fiel de tais implementações.

O cálculo $\lambda\sigma$: O cálculo $\lambda\sigma$ foi proposto por Abadi, Cardelli, Curien e Lévy. Em contraste com o cálculo λ clássico onde a substituição é extra lógica (ver Capítulo 2), no cálculo $\lambda\sigma$ as substituições são tratadas como uma parte integrante do cálculo. Uma vez que o principal problema em qualquer implementação do cálculo λ é a correta manipulação das substituições, este novo cálculo traz luzes importantes sobre as estruturas de máquinas abstratas (entre outras coisas).

9.1 Cálculo λ preguiçoso

Os modelos usuais do cálculo λ igualam termos que não têm uma forma normal à cabeça (ver análise no Capítulo 3). Em consequência, em qualquer um desses modelos $\mathcal{M}$ temos que:

$$\mathcal{M} \models \Omega = \lambda x.\Omega$$

A avaliação preguiçosa, no entanto, distingue esses dois termos; Ω leva a uma sequência de reduções infinita enquanto que $\lambda x.\Omega$ é um valor bem definido. Esta diferença vem de que a avaliação preguiçosa de um termo termina na *forma normal fraca à cabeça*:

Definição 9.1.1 *Um termo é uma forma normal fraca à cabeça se:*
ou *(i) é da forma $\lambda x.M$*
ou *(ii) é da forma $xM_1 \ldots M_m$ para $m \geq 0$*

Note que Ω não tem uma forma normal fraca à cabeça, enquanto que $\lambda x.\Omega$ é uma forma normal fraca à cabeça. No cálculo λ preguiçoso, igualamos os termos que têm a mesma forma normal fraca à cabeça e igualamos todos os termos que não têm uma forma normal fraca à cabeça (esta última classe de termos é usada para representar computações "indefinidas").

Abramsky desenvolve uma teoria, $\lambda \ell$, e modelos para o cálculo λ preguiçoso. Iremos concentrar-nos na teoria; remetemos o leitor interessado em detalhes dos modelos para os artigos de Abramsky.

9.1.1 Teoria do cálculo λ preguiçoso

Os termos do cálculo λ preguiçoso são os mesmos do cálculo λ sem tipos, Λ.

A teoria é definida por via de uma noção auxiliar de convergência:

Definição 9.1.2 (Convergência)
Para $M, N \in \Lambda^0$, M converge para uma forma normal fraca principal à cabeça N, caso em que se escreve $M \Downarrow N$, se $M \Downarrow N$ é um teorema da seguinte teoria:

$$\lambda x.M \Downarrow \lambda x.M$$

$$\frac{M \Downarrow \lambda x.P \quad P[x := N] \Downarrow Q}{MN \Downarrow Q}$$

Se:

$$\exists N.M \Downarrow N$$

caso em que se escreve $M \Downarrow$, dizemos que M converge, e se $\neg(M \Downarrow)$, caso em que se escreve $M \Uparrow$, dizemos que M diverge.

Note que a definição anterior é só para termos fechados. A forma normal fraca à cabeça de um termo fechado é também fechada e deve portanto ser um termo abstração. Uma tal forma normal fraca à cabeça não nos diz muito sobre o comportamento do termo; o corpo da abstração pode envolver um número arbitrário de expressões redutíveis o que contrasta com a situação clássica em que lidamos com formas normais. Podemos obter informação sobre um termo executando uma sequência de *experimentações* no termo[1] — podemos "desfiar" a forma normal fraca à cabeça passo por passo fornecendo argumentos sucessivos e avaliando para forma normal fraca à cabeça. O leitor deve comparar este processo com a construção da árvore de Böhm generalizada de um termo apresentada no Capítulo 5.

Definimos uma sequência de relações, $\{\preceq_k\}_{k \in \omega}$ em Λ^0:

$$M \preceq_0 N$$

$$M \preceq_{k+1} N \equiv$$
$$M \Downarrow \lambda x.M_1 \Rightarrow \exists N_1.[N \Downarrow \lambda y.N_1 \ \& \ \forall P \in \Lambda^0.[M_1[x := P] \preceq_k N_1[y := P]]]$$

Assim temos sempre que $M \preceq_0 N$; se não executarmos quaisquer experimentações, não podemos diferenciar os termos.

Definimos agora o seguinte relacionamento entre termos:

Definição 9.1.3

$$M \preceq^B N \equiv \forall k \in \omega.M \preceq_k N$$

A relação $\preceq^B$ é uma bissimulação aplicativa.[2]

$\preceq^B$ é estendida a todos os termos, Λ da maneira usual:

$$M \preceq^B N \equiv \forall \sigma : Var \to \Lambda^0.M\sigma \preceq^B N\sigma$$

onde σ é uma substituição (de variáveis por termos fechados) e $X\sigma$ representa o termo fechado no qual todas as variáveis livres de X foram substituídas por termos fechados como especificado por σ (compare com a notação introduzida no Capítulo 7). $\preceq^B$ satisfaz a seguinte propriedade:

$$M \preceq^B N \Leftrightarrow$$

---

[1]Os leitores com conhecimento sobre o CSS de Milner e as álgebras de processos relacionadas considerarão o que se segue muito familiar.

[2]Compare a definição de $\preceq^B$ com a de bissimulação usada no CCS — a noção de bissimulação aplicativa é de facto uma relação de *simulação* nesse contexto. Isto foi reconhecido por Ong e Abramsky nos seus escritos ulteriores. Ver também a próxima secção.

$$M \Downarrow \lambda x.P \Rightarrow \exists Q.[N \Downarrow \lambda x.Q \ \& \ \forall L \in \Lambda^0.[P[x := L] \preceq^B Q[x := L]]]$$

Escrevemos $M \sim^B N$ se $M \preceq^B N$ e $N \preceq^B M$.

Dada a nossa descrição informal das relações $\preceq_k$ e o acima exposto temos o seguinte resultado:

Proposição 9.1.1

$$M \preceq^B N \Leftrightarrow \forall \vec{P} \subseteq \Lambda^0.M\vec{P} \Downarrow \ \Rightarrow N\vec{P} \Downarrow$$

Uma caraterização alternativa de bissimulação aplicativa é dada pela seguinte congruência contextual:

Definição 9.1.4 *Para $M, N \in \Lambda^0$:*

$$M \preceq^C N \equiv \forall C[] \in \Lambda^0.C[M] \Downarrow \ \Rightarrow C[N] \Downarrow$$

$\preceq^C$ pode ser estendida a todos os termos da mesma maneira que $\preceq^B$. A equivalência das duas noções é provada na seguinte proposição (a sua prova segue a abordagem de Ong e Abramsky):

Proposição 9.1.2 $\preceq^B \ = \ \preceq^C$

Prova

Precisamos de mostrar o seguinte:

$$M \preceq^B N \Leftrightarrow M \preceq^C N$$

($\Leftarrow$)

Use a definição de $\preceq^C$ e a Proposição 9.1.1 com os contextos $[]\vec{P}$.

($\Rightarrow$)

Dados $M, N \in \Lambda^0$, mostramos que:

$$M \preceq^B N \Rightarrow \forall C[] \in \Lambda^0.C[M] \Downarrow \ \Rightarrow C[N] \Downarrow$$

por indução no número de passos que leva $C[M]$ a convergir. O caso base é óbvio. Para o caso indutivo, necessitamos apenas de considerar os seguintes contextos:

1. $C[] \equiv (\lambda x.P[])(Q[])\vec{R}[]$,

2. $C[] \equiv [](P[])\vec{Q}[]$

Isto é suficiente para nos permitir focar no primeiro passo da redução mais à esquerda.

Aqui, apenas consideramos o primeiro caso. Suponha que $C[M]$ converge em $l+1$ passos. Defina:

$$D[] \equiv (P[])[x := Q[]]\vec{R}[]$$

Então é imediato ver que:

$$C[M] \to_{me} D[M]$$

onde $\to_{me}$ é a redução mais à esquerda num passo e assim temos que $D[M]$ converge em l passos. Logo pela hipótese de indução temos que $D[N] \Downarrow$ o que implica $C[N] \Downarrow$. ∎

Exercício 9.1.1 *Complete a prova acima, i.e. o segundo caso na indução. Deve começar com $M \equiv (\lambda x.U)\vec{V}$.*

De agora em diante escrevemos $\preceq$ em vez de $\preceq^B$. A seguinte proposição estabelece algumas propriedades básicas de $\preceq$:

Proposição 9.1.3 *Para todo $M, N, P \in \Lambda$:*

1. $M \preceq M$

2. $M \preceq N \ \& \ N \preceq P \Rightarrow M \preceq P$

3. $M \preceq N \Rightarrow M[x := P] \preceq N[x := P]$

4. $M \preceq N \Rightarrow P[x := M] \preceq P[x := N]$

5. $\lambda x.M \sim \lambda y.M[x := y] \quad y \notin (VL(M))$

6. $M \preceq N \Rightarrow \lambda x.M \preceq \lambda x.N$

7. $M_i \preceq N_i (i = 1, 2) \Rightarrow M_1 M_2 \preceq N_1 N_2$

Prova
Provamos só (4), que é equivalente a:

$$M \preceq^C N \Rightarrow P[x := M] \preceq^C P[x := N]$$

As variáveis mudas em P são renomeadas de modo a evitar conflitos entre M e N. P é transformado num contexto $P[]$ substituindo as instâncias das variáveis (mudas) x por $[]$; logo

$$P[x := M] = P[M] \text{ e } P[x := N] = P[N]$$

Suponha que são dados $C[] \in \Lambda^0$ e $\sigma \in Var \to \Lambda^0$. Seja $C_1[] \equiv C[P[]\sigma]$. $M \preceq^C N$ implica:

$$C_1[M\sigma] \Downarrow \Rightarrow C_1[N\sigma] \Downarrow$$

que, tendo em atenção que $(P[x := M])\sigma = (P[]\sigma)[M\sigma]$, produz o resultado pretendido.   ∎

Exercício 9.1.2 *Complete a prova acima.*

A teoria do cálculo λ preguiçoso, $\lambda\ell$, tem dois tipos de fórmulas:

$$M \sqsubseteq N \text{ e } M = N$$

onde:

$$\lambda\ell \vdash M \sqsubseteq N \quad \equiv \quad M \precsim^B N$$
$$\lambda\ell \vdash M = N \quad \equiv \quad M \sim^B N$$

Fechamos esta subsecção com uma proposição que estabelece algumas propriedades básicas da teoria $\lambda\ell$:

Proposição 9.1.4

1. *λ está incluído em $\lambda\ell$, em particular:*

$$\lambda\ell \vdash (\lambda x.M)N = M[x := N]$$

i.e. a regra (β) é satisfeita.

2. *Ω é o menor elemento para $\sqsubseteq$*

3. *(η) não é válida em $\lambda\ell$, e.g.:*

$$\lambda\ell \nvdash \lambda x.\Omega x = \Omega$$

mas a seguinte versão condicional de η é:

$$(\Downarrow \eta) \quad \lambda\ell \vdash \lambda x.Mx = M \quad (M \Downarrow, x \notin VL(M))$$

onde $M \Downarrow \equiv \forall \sigma \in Var \to \Lambda^0.(M\sigma) \Downarrow$.

4. **YK** *é o maior elemento para $\sqsubseteq$.*

Exercício 9.1.3 *Prove esta proposição.*

9.2 Cálculo λσ

No cálculo λ clássico, que tem sido o nosso assunto principal neste livro, a substituição é uma caraterística extra lógica. Em contraste, no cálculo λσ a operação de substituição está "incrustada" no cálculo, nos termos *de fecho*. Existem várias versões do cálculo λσ: um cálculo sem tipos, um cálculo de primeira ordem (correspondendo ao cálculo λ simplesmente tipificado) e um cálculo de segunda ordem (com tipos polimórficos). Iremos concentrar-nos (exclusivamente) no cálculo sem tipos; neste contexto a manipulação explícita da substituição induz estruturas da máquina abstrata apropriadas para o cálculo como já tínhamos visto para o cálculo λρ no Capítulo 8.

9.2.1 Teoria básica do cálculo λσ

Termos no cálculo λσ são ou termos λ em notação de de Bruijn com índices começando em 1 (ver Capítulo 2) ou termos de fecho. Em consequência as substituições são aplicadas aos índices de de Bruijn. Termos e substituições são construídos a partir do alfabeto:

1	o índice de de Bruijn
λ	
[,]	parênteses de fecho
id	a substituição identidade
↑	incremento
·	construtor
∘	composição

Definição 9.2.1 *Definimos* $\mathcal{A}$*, a classe dos termos e* $\mathcal{S}$*, a classe das substituições, como as menores classes tais que:*
(i) $1 \in \mathcal{A}$ *e* $id, \uparrow \in \mathcal{S}$*.*
(ii) Se $a, b \in \mathcal{A}$ *e* $s, t \in \mathcal{S}$*:*

$$ab, \ \lambda a, \ a[s] \ \in \ \mathcal{A}$$

$$a \cdot s, \ s \circ t \ \in \ \mathcal{S}$$

Uma substituição é um mapa $Num \to \mathcal{A}$. Iremos frequentemente escrever explicitamente entre chavetas ({ e }) os elementos de uma substituição. *id* é a substituição identidade $\{i := i\}$; ↑ é a substituição incremento $\{i := i + 1\}$; $a \cdot s$ prefixa o termo a em s dando origem à substituição $\{1 := a, i + 1 := s(i)\}$; $s \circ t$ é a composição de duas substituições $\{i := s(i)[t]\}$.

$$
\begin{aligned}
(\lambda a)b &= a[b \cdot id] \\[1em]
1[id] &= 1 \\
1[a \cdot s] &= a \\
(ab)[s] &= (a[s])(b[s]) \\
(\lambda a)[s] &= \lambda(a[1 \cdot (s \circ \uparrow)]) \\
a[s][t] &= a[s \circ t] \\[1em]
id \circ s &= s \\
\uparrow \circ id &= \uparrow \\
\uparrow \circ (a \cdot s) &= s \\
(a \cdot s) \circ t &= a[t] \cdot (s \circ t) \\
(s \circ s') \circ s'' &= s \circ (s' \circ s'')
\end{aligned}
$$

Figura 9.1: Os axiomas do cálculo $\lambda\sigma$.

Depois da nossa análise das substituições deve ser claro porque é que a sintaxe dos termos só inclui o índice 1; qualquer outro índice ($n + 1$, por exemplo) pode ser codificado por:

$$1[\uparrow^n]$$

onde n representa uma sequência de $\uparrow$s.

A teoria $\lambda\sigma$ é gerada a partir dos axiomas da Figura 9.1 que definem a noção de redução (no sentido do Capítulo 3). O primeiro axioma é chamado beta e os restantes dez axiomas são chamados σ.

O segundo grupo de axiomas diz respeito à distribuição das substituições nos termos, e o último grupo diz respeito à simplificação das substituições.

A teoria $\lambda\sigma$ pode ser gerada da maneira "usual" a partir da noção de redução. Não iremos seguir esse caminho aqui; ulteriormente iremos apresentar uma relação de redução num passo que representa a redução mais à esquerda para a forma normal fraca à cabeça. Por agora concentramo-nos no relacionamento com o cálculo λ.

9.2.2   Relacionando o cálculo $\lambda\sigma$ com o cálculo λ

A noção normal de redução β não está diretamente presente no cálculo $\lambda\sigma$: a regra beta não é igual a β porque o lado direito de beta é um termo de fecho envolvendo uma substituição explicita enquanto que a regra β faz a substituição. A definição de redução β em notação de de Bruijn é:

$$(\lambda a)b \to_\beta a\{b/1, 1/2, \ldots, n/n+1, \ldots\}$$

onde o meta operador de substituição $\{\ldots\}$ é definido pelo seguinte sistema de demonstração:

$$n\{a_1/1, \ldots, a_n/n, \ldots\} = a_n$$

$$\frac{a\{a_1/1, \ldots, a_n/n, \ldots\} = a' \quad b\{a_1/1, \ldots, a_n/n, \ldots\} = b'}{(ab)\{a_1/1, \ldots, a_n/n, \ldots\} = a'b'}$$

$$\frac{a_i\{2/1, \ldots, n+1/n, \ldots\} = a'_i \quad a\{1/1, a'_1/2, \ldots, a'_n/n+1, \ldots\} = a'}{(\lambda a)\{a_1/1, \ldots, a_n/n, \ldots\} = \lambda a'}$$

O efeito desta operação é executar a substituição e renomear de acordo com a definição de substituição no cálculo de de Bruijn (ver Capítulo 2).

A próxima proposiçao relaciona esta meta operação de substituição com as substituições explicitas:

Proposição 9.2.1 *Se existem m e p tais que $a_{m+q} = p+q$ para todo $q \geq 1$, e $a\{a_1/1, \ldots, a_n/n, \ldots\} = b$ é derivável no sistema formal acima, então a forma normal σ de $a[a_1 \cdot a_2 \cdot \ldots \cdot a_m \cdot \uparrow^p] = b$.*

Prova
Por indução no comprimento da derivação de $a\{a_1/1, \ldots, a_n/n, \ldots\} = b$. ∎

A importância da proposição acima é que estabelece que podemos simular uma redução β executando primeiro um passo beta seguido por uma série de reduções σ para a forma normal σ.

Exercício 9.2.1 *Prove a proposição acima. Pode ser útil fortalecer o resultado provando que todos os termos intermédios na derivação satisfazem a hipótese.*

Enunciamos (sem prova — ou exercícios!) os seguintes resultados:

- beta+σ é CR

- σ é *FN* e CR

- β é CR no tocante às formas normais σ

Os dois últimos resultados, e parte da nossa análise anterior, exigem a noção de forma normal σ. Até agora confiámos na intuição no tocante à forma que esses termos devem ter. Fechamos esta subsecção formalizando essa noção. Uma substituição em forma normal tem necessariamente a forma:

$$a_1 \cdot (a_2 \cdot (\ldots (a_m \cdot U) \ldots))$$

onde U ou é *id* ou é um incremento, $\uparrow^n$. Um termo em forma normal não tem qualquer substituição exceto nos subtermos da forma $1[\uparrow^n]$ que codificam os índices de de Bruijn.

9.2.3 Rumo à máquina abstrata

Nesta secção apresentamos duas variantes de uma estratégia de redução mais à esquerda e mais exterior num passo. Cada uma sugere uma máquina abstrata. Remetemos o leitor de volta ao Capítulo 8 para uma análise das máquinas abstratas.

Ambas as estratégias são de redução fraca (compare com a lógica combinatória): ambas reduzem à forma normal fraca à cabeça.

Definição 9.2.2 *Uma forma normal fraca à cabeça é um termo $\lambda\sigma$ da forma:*
(i) λa
ou
(ii) $n a_1 \ldots a_m$

Começamos por definir a relação $\overset{n}{\to}$. Relembre que no Capítulo 3, gerámos a relação de redução num passo a partir da noção correspondente fazendo o fecho para compatíveis. Uma vez que estamos interessados somente na redução mais à esquerda e apenas avaliamos até à forma normal fraca à cabeça (i.e. não avaliamos sobre λs), apenas juntamos:

$$\frac{a \overset{n}{\to} a'}{ab \overset{n}{\to} a'b}$$

Também juntamos duas regras para as substituições:

$$\frac{s \overset{n}{\to} s'}{1[s] \overset{n}{\to} 1[s']}$$

$$\frac{s \overset{n}{\to} s'}{\uparrow \circ s \overset{n}{\to} \uparrow \circ s'}$$

e direcionamos da esquerda para a direita os onze axiomas (substituindo $=$ por $\stackrel{n}{\rightarrow}$)

A próxima proposição relaciona $\stackrel{n}{\rightarrow}$ com a redução β mais à esquerda e mais exterior num passo.

Proposição 9.2.2 *Se $a \stackrel{n}{\rightarrow} b$ então, sendo a' e b' as formas normais σ de a e b, ou $a' \stackrel{n}{\rightarrow}_\beta b'$ ou a' e b' são iguais. A redução $\stackrel{n}{\rightarrow}$ de a termina se e só se a redução β mais à esquerda e mais exterior de a' termina.*

A segunda abordagem, $\stackrel{wn}{\rightarrow}$, envolve uma otimização de $\stackrel{n}{\rightarrow}$: a regra

$$((\lambda a)[s])b \stackrel{wn}{\rightarrow} a[b \cdot s]$$

substitui as duas regras:

$$(\lambda a)b \quad \stackrel{n}{\rightarrow} \quad a[b \cdot id]$$
$$(\lambda a)[s] \quad \stackrel{n}{\rightarrow} \quad \lambda(a[1 \cdot (s \circ \uparrow)])$$

Esta otimização é justificada pois:

$$
\begin{aligned}
((\lambda a)[s])b \quad &\rightarrow \quad \lambda(a[1 \cdot (s \circ \uparrow)])b \\
&\rightarrow \quad a[1 \cdot (s \circ \uparrow)][b \cdot id] \\
&\rightarrow \quad a[(1 \cdot (s \circ \uparrow)) \circ (b \cdot id)] \\
&\rightarrow \quad a[1[b \cdot id] \cdot ((s \circ \uparrow) \circ (b \cdot id))] \\
&\rightarrow \quad a[b \cdot (s \circ \uparrow) \circ (b \cdot id)] \\
&\rightarrow \quad a[b \cdot (s \circ (\uparrow \circ (b \cdot id)))] \\
&\rightarrow \quad a[b \cdot (s \circ id)] \\
&= \quad a[b \cdot s]
\end{aligned}
$$

O último passo acima usa a regra (razoável):

$$s \circ id = s$$

Esta regra não faz parte de $\stackrel{n}{\rightarrow}$; assim as duas estratégias são diferentes. Ambas são estratégias fracas no sentido em que não avaliam sobre abstrações mas a segunda estratégia nem sequer passa substituições em abstrações. Esta última observação sugere que $\stackrel{wn}{\rightarrow}$ modela máquinas de ambiente, enquanto que $\stackrel{n}{\rightarrow}$ está mais relacionada com as máquinas de redução de combinadores.

9.3 Conclusão

Apresentámos dois novos cálculos: o cálculo λ preguiçoso e o cálculo $\lambda\sigma$. Cada um estende o cálculo λ clássico de alguma maneira. Vimos duas novas técnicas:

- o uso de *bissimulações* para estabelecer relacionamentos entre termos (em contraponto à convertibilidade).

- uma noção apurada de fecho para compatíveis (ver Capítulo 3) que nos permite dar força a estratégias de redução particulares.

A noção de bissimulação foi introduzida pela primeira vez no contexto de linguagens baseadas em processos. O ponto de vista seguido é que um termo é uma *caixa preta*; as propriedades do termo podem ser descobertas realizando *experimentações* na caixa. Se duas caixas se comportam da mesma maneira em resposta a todas as experimentações possíveis então elas são indistinguíveis (relativamente à bissimulação dada). No cálculo λ preguiçoso uma experimentação é uma aplicação da "caixa" a um termo; a resposta a uma experimentação é uma indicação de convergência ou divergência — esta é a única propriedade de um termo que é "observável".

Capítulo 10

Leitura adicional

10.1 Geral

Apresentámos uma perspetiva da Ciência da Computação sobre o assunto objeto deste livro. Muitos dos resultados fundamentais foram produzidos por lógicos. A nossa inspiração ao escrever este livro foi a obra enciclopédica de Barendregt [4]. A maioria do material básico aqui apresentado é tratado em muito maior detalhe em [4] e o leitor interessado é encorajado a consultar esse livro. A apresentação clássica dos cálculos λ é o relatório de Church de 1941 [7].

Um dos primeiros livros de texto nesta área é *Introduction to Combinatory Logic* de Hindley, Lercher e Seldin; embora já não esteja disponível, [14] apresenta um tratamento muito mais expandido do mesmo material. Este último livro é escrito numa perspetiva lógico-matemática, dando poucas intuições computacionais, no entanto constitui uma referência útil, em particular sobre cálculos com tipos.

Vários livros de texto sobre programação funcional contêm descrições de um ponto de vista computacional do cálculo λ e combinadores. Por exemplo [13, 18, 19] apresentam os principais resultados, relacionando-os com linguagens funcionais e a sua implementação.

A notação de de Bruijn, introduzida no Capítulo 2, é estudada em detalhe em [8].

10.2 Redução

Em [13] pode ser encontrada uma análise mais detalhada das estratégias de avaliação das linguagens funcionais e da relevância do cálculo λ para tais linguagens. O material básico deste capítulo é baseado em [4]. O material sobre redução etiquetada e resíduos é baseado na abordagem usada por Klop em [17].

10.3   Lógica combinatória

A lógica combinatória é o foco principal de [14]. Historicamente, as referência principais nesta área são [10, 11] mas estas não são para os assustadiços!

10.4   Semântica

Em [4] e [14] pode ser encontrado um tratamento exaustivo da semântica. Ambos incluem análises detalhadas dos modelos de Scott. O livro de Barendregt também inclui material substancial sobre árvores de Böhm. O livro de Stoy [20] é o livro de texto clássico sobre semântica denotacional e contém uma boa introdução ao cálculo λ e aos seus modelos. Recentemente foram publicados vários livros cobrindo algum deste material; um bom exemplo é [21].

10.5   Computabilidade

Em [4] e [14] são abordados alguns aspectos da computabilidade do cálculo lambda e da lógica combinatória. Um tratamento mais geral deste assunto (que nem menciona os vários cálculos analisados neste livro!) pode ser encontrado, por exemplo, em [15].

10.6   Tipos

O principal foco de [4] são os cálculos sem tipos; existe um curto apêndice sobre o cálculo λ simplesmente tipificado. Para um tratamento mais detalhado e atualizado de cálculos tipificados recomendamos [6]. Uma larga parte de [14] é dedicada a cálculos com tipos e [16] contém vários artigos seminais sobre o cálculo λ polimórfico.

10.7   Aspetos práticos

As máquinas abstratas são analisadas em [8, 9, 13, 18, 19]; o nosso material é sobretudo baseado em [9]. A análise para detetar reduções necessárias foi introduzida em [5]. O material sobre o algoritmo de Milner é baseado em [12].

10.8 Outros cálculos

O cálculo lambda preguiçoso foi introduzido por Abramsky em [2]; a nossa prova da equivalência entre bissimulações e congruências contextuais é baseada em [3].

O cálculo $\lambda\sigma$ é descrito em [1].

10.9 Conclusão

Ao construir esta "bibliografia" restringimos a nossa atenção a material que é facilmente acessível; exceto em alguns poucos casos, isto implicou que citássemos livros. Muitos dos resultados mais fundamentais e excitantes apareceram e continuam a aparecer em coletâneas de conferências e em revistas. Bons pontos de partida são as coletâneas do simpósio ACM em *Principles of Programming Languages* (POPL), do simpósio IEEE em *Logic in Computer Science* (LICS) e as coletâneas da federação de conferências ETAPS.

Bibliografia

[1] M. Abadi, L. Cardelli, P.-L. Curien e J.-J. Lévy, Explicit Substitutions, *Proceedings of POPL'90*, ACM Press, 1990.

[2] S. Abramsky, The Lazy Lambda Calculus, *Research Topics in Functional Programming*, D. Turner (compilador), Addison Wesley, 1990.

[3] S. Abramsky e C.-H. L. Ong, Full Abstraction in the Lazy Lambda Calculus, *Information and Computation* 105(2), Agosto 1993.

[4] H. P. Barendregt, *The Lambda Calculus: Its Syntax and Semantics*, segunda edição, North Holland, 1984.

[5] H. P. Barendregt, J. R. Kennaway, J. W. Klop e M. R. Sleep, Needed Reduction and Spine Strategies for the Lambda Calculus, *Information and Computation* 75(3), Dezembro 1987.

[6] H. P. Barendregt, Lambda Calculi with Types, em *Handbook of Logic in Computer Science, Volume II*, S. Abramsky, D. Gabbay e T. S. E. Maibaum (compiladores), Oxford University Press, 1992.

[7] A. Church, *The Calculi of Lambda Conversion*, Princeton University Press, 1941.

[8] P.-L. Curien, *Categorical Combinators, Sequential Algorithms and Functional Programming*, segunda edição, Birkhäuser, 1993.

[9] P.-L. Curien, An Abstract Framework for Environment Machines, *Theoretical Computer Science* 82, 1991.

[10] H. B. Curry, R. Feys e W. Craig, *Combinatory Logic, Volume I*, North Holland, 1958.

[11] H. B. Curry, J. R. Hindley e J. P. Seldin, *Combinatory Logic, Volume II*, North Holland, 1972.

[12] L. Damas e R. Milner, Principal Type Schemes for Functional Programs, *Proceedings of POPL'82*, ACM Press, 1982.

[13] A. J. Field e P. G. Harrison, *Functional Programming*, Addison Wesley, 1988.

[14] J. R. Hindley e J. P. Seldin, *Introduction to Combinators and λ-Calculus*, Cambridge University Press, 1986.

[15] J. E. Hopcroft e J. D. Ullman, *Introduction to Automata Theory, Languages and Computation*, Addison Wesley, 1979.

[16] G. Huet, *Logical Foundations of Functional Programming*, Addison Wesley, 1990.

[17] J. W. Klop, *Combinatory Reduction Systems*, CWI Report, 1980.

[18] S. L. Peyton Jones, *The Implementation of Functional Programming Languages*, Prentice Hall International, 1987.

[19] C. Reade, *Elements of Functional Programming*, Addison Wesley, 1989.

[20] J. E. Stoy, *Denotational semantics: the Scott–Strachey approach to programming language theory*, MIT Press, 1977.

[21] G. Winskel, *The Formal Semantics of Programming Languages*, MIT Press, 1993.

Tabela de símbolos

Índice remissivo

www.ingramcontent.com/pod-product-compliance
Lightning Source LLC
Chambersburg PA
CBHW072344200326
41519CB00015B/3653